遗忘的脑力

忘れる脳力

[日] 岩立康男　著

郑仕宇　译

中国科学技术出版社
·北　京·

图书在版编目（CIP）数据

遗忘的脑力/（日）岩立康男著；郑仕宇译.--北京：中国科学技术出版社，2025.1
ISBN 978-7-5236-0796-1

Ⅰ.①遗… Ⅱ.①岩… ②郑… Ⅲ.①记忆术—通俗读物 Ⅳ.① B842.3-49

中国国家版本馆 CIP 数据核字（2024）第 112157 号

版权登记号：01-2024-3418

Original Japanese title: WASURERU NORYOKU
Copyright © 2022Yasuo Iwadate
Original Japanese edition published by Asahi Shimbun Publications Inc.
Simplified Chinese translation rights arranged with Asahi Shimbun Publications Inc. through The English Agency (Japan) Ltd. and CA-LINK International LLC
本作品中文简体字版权由中国科学技术出版社有限公司所有

策划编辑	王　菡
责任编辑	王　菡
封面设计	菜花先生
正文设计	中文天地
责任校对	邓雪梅
责任印制	徐　飞

出　　版	中国科学技术出版社		
发　　行	中国科学技术出版社有限公司		
地　　址	北京市海淀区中关村南大街 16 号		
邮　　编	100081	发行电话	010-62173865
传　　真	010-62173081	网　　址	http://www.cspbooks.com.cn

开　　本	889 mm×1194 mm　1/32
字　　数	80 千字
印　　张	6.375
版　　次	2025 年 1 月第 1 版
印　　次	2025 年 1 月第 1 次印刷
印　　刷	北京瑞禾彩色印刷有限公司
书　　号	ISBN 978-7-5236-0796-1 / B·179
定　　价	39.00 元

（凡购买本社图书，如有缺页、倒页、脱页者，本社销售中心负责调换）

前　言

"遗忘"本身是一件坏事吗？

很多人都认为，遗忘本身不是一件好事，我们应当尽可能将任何事情都铭记于心。

然而，时下最前沿的脑科学研究已经证明，大脑会积极主动地消除记忆，并且为了消除记忆，大脑会消耗无数能量。

这一做法的原因在于，倘若我们不去遗忘旧事物，便无法获取全新的记忆。并且，我们也无法立足于记忆之上，不断拓展思维的深度。

假如你始终将那些无关紧要的记忆铭记于心，那么就有可能会遗忘那些至关重要的记忆。而正是那些重要的记忆才让你成为你自己，包括成长经历、亲属关系、事业发展、人际交往等。

实际上,"遗忘"是大脑具备的重要功能之一。倘若遗忘并不存在,我们的生活或许会比现在更加混乱不堪,甚至人类发展也无从谈起。

然而,在学校里,如果学生忘记携带课本或是忘记完成课后作业,还是会遭受老师的严厉训斥,甚至被责令在走廊上罚站。人们受到学校教育的影响,牢固地树立起了一种对待"遗忘"的负面印象,并且深信只要是曾经记过的事物,无论如何也不能遗忘。

遗忘本身并非是一件坏事。也可以说,为了维持大脑的正常运作,有必要积极主动地遗忘某些事物。本书的目的就是让大家了解这一点,并帮助大家在现实生活中与遗忘和平共处、相向而行。

很多人都曾经历过忘记好朋友的名字,或是走上楼后忘记想要做的事。此时,人们会不自觉地担心自己是否罹患认知障碍一类的疾病,抑或是会自怨自艾:"我连这么简单的事情都忘得一干二净,完蛋了。"

然而,正如后文所述,遗忘与认知障碍

毫无关系。纵使此类事件发生并或多或少地带来些许不便，但日常生活仍能平稳度过。下文中将会提及，绝大多数遗忘的记忆都属于"情节记忆"，它们是否存在都无关紧要。

身为临床医师，我在神经科门诊部出诊时，时常被患者忐忑不安地询问道："我该不会是得了认知障碍吧？"纵使如此，我只需嘱咐他们："下次再来看病的时候，我会问你前一天做过些什么，请务必记住哦。"之后，大多数人都能够清晰准确地记住。其中的关键之处在于，是否抱有强烈的记忆动机。倘若认定某一事物至关重要，那么在短时间内，这一事物的大致内容都不会忘记。

在工作方面，或许也会有人这样想：如果能将昨天的会议内容、前一刻才看到的新闻报道中提及的世界经济动向全部记住，那么工作进展会顺利多了吧？不仅如此，倘若今天一整天的日程安排都能铭记于心，也能干脆利落地完成任务。如若这样的人果真存在，那么一定是一位精明强干的商务人士吧。

但是，上述信息只需翻阅笔记本或会议记录便能知悉，或是上网查询即可掌握，纵使遗忘也没有关系。反之，倘若始终记挂着那些无关紧要的信息，或许便无法实现至关重要的"深度思考"。事实证明，越是善于思辨的智者越容易遗忘无关紧要的信息，也就越有可能持续不断地获取全新的记忆。

保持大脑灵活性的要点在于，将无关紧要的信息全然忘怀。其原因在于，正是因为遗忘，人类才能将全新的信息存入记忆之中，并且使用大脑独立思考。在进化过程中，遗忘发挥着至关重要的作用。

本书首先介绍"记忆的本质"与"记忆被消除的过程"，让读者朋友们了解遗忘对于提升大脑功能的重要作用。之后，我们将一起了解如何才能正确地遗忘掉那些"无关紧要的记忆"和"令人生厌的记忆"、牢记那些"不能忘记的记忆"，并探讨具体的实行方法。

除此之外，随着年龄的不断增长，人们会愈加健忘。每增长一岁，健忘程度便增加一分。之后，我们也会谈及"另一种记忆"[1]。相信随着阅读的不断深入，读者朋友们即使

1　即下文中的"语义记忆"。

变得健忘也能够自信百倍，对待遗忘的态度也会发生天翻地覆的变化。

在本书的后半部分，我们将了解一些积极的生活习惯，它们对于提升大脑功能和"适当记忆"卓有成效。实际上，睡眠、运动之类的生活习惯也都影响着我们的记忆留存与遗忘程度。倘若我们对于影响记忆的生活习惯一无所知，平日里就会持续不断地重复着那些负面的生活习惯，以致遗忘掉"不该遗忘的记忆"，并牢牢记住"想要遗忘的记忆"。因此，请读者务必耐心阅读。

想必读完这本书之后，读者朋友们一定已经深刻理解了遗忘对于维持大脑正常运转和获取全新记忆的重要作用。不论是白发苍苍的老年人，还是为健忘而烦恼不已的商务人士，抑或是手不释卷却过目就忘的热心书友们，相信都能在本书的阅读过程中有所收获。

前　言

第一章
遗忘意味着大脑在不断进步
——探寻记忆的本质 / 001

你还记得一周之前在想些什么吗？ / 002
年龄越大越健忘，其实这是大脑在不断
　　进步 / 004
易于遗忘的是"情节记忆" / 009
累积那些无法使用语言加以描述的记忆 / 012
大脑与记忆的运作机制 / 015
记忆是如何产生的？ / 018
从海马体的"短期记忆"到大脑的
　　"长期记忆" / 023
为什么海马体内的新生神经元
　　会产生出全新的记忆呢？ / 027

01

第二章
大脑具备的"遗忘能力"
——通过遗忘获取全新的记忆 / 033

夏洛克·福尔摩斯聪明绝顶却十分健忘 / 034

所谓遗忘就是蛋白质的损坏 / 037

被动性遗忘 / 038

主动性遗忘 / 041

为了获取新记忆,不断消除旧记忆 / 046

随着时间的不断流逝,遗忘的速度逐渐
　　缓慢 / 049

潜意识里沉睡着看似遗忘的记忆 / 052

第三章
难以忘怀的记忆 / 059

神经回路中的记忆难以忘怀 / 060

引发情绪起伏变化的意外事件难以忘怀 / 064

如何遗忘令人生厌的记忆 / 066

令人喜悦的记忆 / 070

相较于令人生厌的记忆,老年人更易于留存
　　令人喜悦的记忆 / 074

记忆映衬出当下的自己 / 077

第四章
大脑与身体协同运转时
——大脑的两种思维模式 / 081

"发散思维"整合大脑 / 086

大多数记忆都隐藏在潜意识里 / 089

"神经递质"同时驱动大量的神经元 / 092

去甲肾上腺素能够唤醒大脑 / 095

多巴胺产生兴奋感 / 101

血清素能够稳定内在精神 / 104

大脑的正常运转离不开身体 / 108

大脑在下意识间支配身体活动 / 112

第五章
延长大脑的寿命
——不断遗忘的具体方法 / 119

能谋善断之人善于遗忘 / 120

大脑真的越用越聪明吗? / 122

至关重要的是均衡使用大脑 / 127

睡眠与饮食习惯影响大脑寿命 / 132

罹患糖尿病将会破坏大脑 / 139

运动驱动大脑 / 145

音乐激活令人喜悦的神经回路 / 151

绘画艺术激活大脑 / 156

任何偏废的用脑方式都会导致慢性炎症 / 159

第六章
"遗忘"创造未来 / 165

从幼年时起,对"遗忘"的负面印象便
　　铭刻于心 / 166

将忧虑之事搁置一段时间 / 167

科技进步影响大脑 / 172

遗忘的存在让未来更加宽广 / 177

饱经世故之人拥有的"记忆财富" / 179

遗忘使得人类不断进化 / 182

结语
遗忘是一件好事 / 189

第一章 遗忘意味着大脑在不断进步——探寻记忆的本质

你还记得一周之前
在想些什么吗?

请允许我先提一个简单的小问题:

"一周之前,你在想些什么呢?"

略微翻看一下记事本或是手机备忘录,便能够回想起来:

"这么说来,我之前一直为业务进展而心烦意乱。"
"工作材料始终没有写好,还有三天就要交了,我一直在犹豫是否要更改周日的预订行程安排。"
……

不过,想必读者朋友们都已经把大部分的事情忘得一干二净了吧。
"一周之前,你在想些什么呢?"
实际上,这不太容易回答。
或许有些人在这段时间内处于人生旅途

的十字路口，诸如与恋人分手，或是发现自己罹患重大疾病，正与医生商量治疗方案等，那些刻骨铭心的意外事件都将作为记忆而留存下来。或许当事人也希望将它们全部置于脑后，但无论如何都难以忘怀。诸如此类的重大事件纵使不愿铭记在心，却怎么也不能得偿所愿。然而，正是那些在极大程度上影响个人情绪变化的意外事件，不论是积极正面，还是消极负面，它们一定会成为你未来的财富。

然而，我们日复一日在不经意间发生的琐碎小事与当时当刻的内心想法，如"我为准备举行会议而忙碌不已""我耗费了九牛二虎之力，还是没能买到车票"等，都不会停留在记忆之中。其原因在于，它们不会引起个人情绪的起伏变化，即使记住了，对自己的生活也没多大作用，都是与自己无关的信息罢了。即使有些事情必须要记住，只需在本子里或手机备忘录做好记录就足够了。

况且，即便是引发个人情绪变化的意外事件，也应当具体情况具体分析，它们中的大多数也毫无记忆价值。例如，夫妻之间因为琐碎杂事而闹得不可开交，但几天之后便忘得一干二净。我之所以在最初提一个小问题，就是告诉读者朋友们，一些琐碎杂事自不待言，纵使是一些引发情绪起伏变化的意外事件，经过一段时间后，大多数都会遗忘得一干二净。由此可见，大脑所具备的遗忘能力，即所谓"遗忘的脑力"，是十分强大的。

电脑则丝毫不具备人脑的遗忘能力，一旦将数据输入电脑之中，只要不经过人为修改，数据便会永久留存。换言之，人脑的运转方式与电脑截然不同。之所以会遗忘掉某些事物，正是因为我们的大脑功能十分健全，并且处于正常运转之中。我希望向人们强调这一点，所以写了这本书。

年龄越大越健忘，其实这是大脑在不断进步

随着年龄的不断增长，人在步入老年后，会变得越来越健忘。

此时，神经细胞将会逐渐减少，人的记忆总量在不断缩小。即使并不希望这样，但

却也无可奈何。老年人虽已遗忘掉某些无关痛痒的事物，但多年以来留存的记忆总量仍旧相当庞大。与此同时，分配到不同记忆之中的神经细胞的数量也在不断减少，导致新事物难以留存于记忆之中。对于老年人而言，他们的大脑中已经充斥着各式各样的记忆，再也没有余地留存下那些无关紧要的事物。

除此之外，还有一个原因是：伴随年龄的不断增长，老年人经历过的事情数不胜数，而新事物却越来越少。换句话说，老年人在不经意间便能轻松处理各类事情，引发他们情绪起伏变化的事将会越来越少。因此，他们也将越来越难留存下记忆。

这本来就是一件理所应当的事，即使老年人难以记住全新的事物抑或是变得越来越健忘，这也并非是疾病的症状。总之，老年人健忘的主要原因之一是"记忆总量正在不断增加"，另一个则是"现有经验已经相当丰富，足够从容不迫地处理事务"。况且，老年人往往在过一段时间后，又想起了已经遗忘掉的事物，例如艺人的姓名等，这些信息即使一时难以想起，也不会对生活造成什么负面影响。

日本的厚生劳动省[1]将"认知障碍"定义为:"由于各式各样的原因,包括但不限于罹患脑部疾病或是出现大脑功能障碍,导致患者的认知功能减退、日常生活出现困难的状态。"在大多数情况下,随着年龄的不断增长,人脑虽然会变得越来越健忘,但这对日常生活不会造成负面影响。由于大脑中储存的信息总量正在不断增加,最多出现暂时性的思绪混乱现象。但并不能将这种状态武断地定义为"认知障碍"。

由此可见,随着年龄的不断增长,人的大脑变得越来越健忘也实属正常。然而在现实世界中,却有不少人并不认同这一点。我在和年纪大的人闲谈的过程中发现,大多数女性能够笑意盈盈地说道:"我呀,最近越来越健忘了……"反之,大多数男性都否认自己变得健忘,极力想要与之抗衡。他们或是"不服老",或是想要恢复记忆力。我也能明

---

[1] 日本中央省厅之一,主要承担日本的国民健康、医疗保险、医疗服务提供、药品和食品安全、社会保险和社会保障、劳动就业、弱势群体社会救助等职责。

白他们内心的所思所想,"我年轻时处理此类事务轻而易举""即便是现在,只要我稍加努力,也可以像之前一样过目不忘"。

但是,倘若你想要最大限度地发挥大脑的功能,不如说,还是遗忘为上。这一点在后文中也会详细阐明。

况且当年龄不断增长时,会发生变化的并非是"记忆力",而是"对待记忆的方式"。方式一旦改变,大脑便能自如地发挥出更强大的功能,这一点不如说是大脑因年龄增长而不断进步。

在现实生活层面,因年龄增长而引发的健忘也可被视作某种信号:例如,它想告诉你,你应当改变自己的生活方式。人们易于遗忘的往往是人名、预定行程安排、琐碎的数值等,因此要勤记笔记,积极主动地灵活使用手机备忘录和日程提醒功能。另一个卓有成效的方法是,向身边的人坦言自己最近比较健忘。即便如此,想必他们也会面带笑意地对你施以援手。

应对健忘还有一个重要方法是,年龄不断增长时,绝大多数的事情都能凭借过往的经验灵活处理。因此，我们应当习以为常，自觉适应这种变化。

倘若你想要留存下一些记忆，那就积极主动而又意兴盎然地关注周边的事情吧。正是因为个人阅历已经相当丰富，再难遇见像年轻时那样引发个人情绪起伏变化的意外事件，因此我们才易于遗忘。由此可见，不依赖于个人经验，饶有兴致地与世界接触是何等的重要！今天的世界有别于昨天，让我们从各式各样琐碎的小事中感受日日更新的世界吧，诸如"探访新开业的店铺""尝试使用从未用过的调味料"……除此之外，"前往从未涉足过的城市旅行"也是向大脑传递新鲜信息的有效途径。

积累了丰富的经验，满怀自信地与外界接触固然是一件好事，然而倘若你对周围人的不同意见置若罔闻，大脑也就无法取得进步。即便部分年轻人的价值观和生活方式与你大相径庭，也请认真倾听他们的想法。积极主动地听取他人的意见并再三加以思考，这一做法能够激活大脑，帮助我们留存下那些关键信息。

易于遗忘的是"情节记忆"

实际上,记忆可依据其性质进行分类。接下来让我们一起来看看具体的类别(图1)。

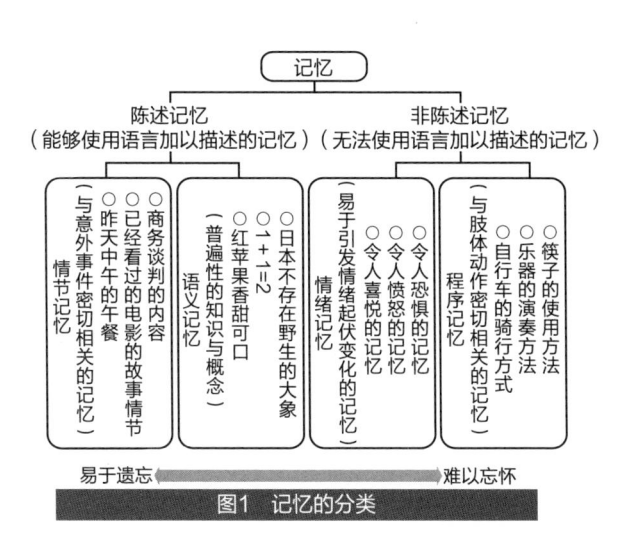

```
                      记忆
          ┌────────────┴────────────┐
        陈述记忆                  非陈述记忆
（能够使用语言加以描述的记忆）  （无法使用语言加以描述的记忆）
```

- 情节记忆（与意外事件密切相关的记忆）
  - ○○商务谈判的内容
  - ○○已经看过的电影的故事情节
  - 昨天中午的午餐
- 语义记忆（普遍性的知识与概念）
  - 日本不存在野生的大象
  - ○○红苹果香甜可口
  - 1+1=2
- 情绪记忆（易于引发情绪起伏变化的记忆）
  - 令人恐惧的记忆
  - 令人愤怒的记忆
  - 令人喜悦的记忆
- 程序记忆（与肢体动作密切相关的记忆）
  - 筷子的使用方法
  - ○○乐器的演奏方法
  - 自行车的骑行方式

易于遗忘 ◀━━━━━━━━━━▶ 难以忘怀

图1 记忆的分类

记忆大致可分为"陈述记忆"（declarative memory）和"非陈述记忆"（nondeclarative memory）[1]两大类。能够使用语言加以描述的记忆称之为"陈述记忆",难以使用语言

---

1 也称"程序记忆"。

加以描述的记忆则称作"非陈述记忆"。"陈述记忆"又可细分为"情节记忆"（episodic memory）[1]和"语义记忆"（semantic memory）[2]。

请想象一下自我介绍时的情景，你会讲述自己出生于何处、成长的地点、父母的性格、毕业院校在哪里……上述这些信息有关于自己的过往经历，它们均可使用语言加以描述，因此都归属于"情节记忆"。情节记忆是有关个人经历和过往回忆的记忆，都是一些附带有时空信息的往事。另外，上周日和谁去了哪里、明天早上几点前返校，回忆时你所能想象到的一切，全都包含于情节记忆之中。

大多数情况下，我们易于遗忘的是情节记忆。据研究结果显示，随着年龄的不断增长，我们逐渐遗忘的主要是情节记忆。实际上，健忘的人易于忘记的，不正是那些人名、预定日程安排、数字之类相对单一的事物吗？

同样归属于"陈述记忆"中的"语义记

---

1 也称"情景记忆""情境记忆"等。
2 也称"语言记忆""语意记忆"等。

忆"则更为复杂一些。我们通过理解他人的话语或是某种现象所附着的意义来获得语义记忆。在实际生活中,我们都能切实地感知到它们的存在,诸如"一天中有24小时""冬去春来"等。上至学理思辨,例如"对量子力学、哲学等学术概念的深度思考",下至生活常识,例如"香蕉呈弯曲的弓形,成熟后的果皮金黄,味道香甜可口",全都包含于语义记忆之中。"人生观""世界观"是一个人立身处世的根本所在,其中的绝大部分也都是由语义记忆而构成的。

换句话说,在语义记忆中,与其采用能否转化为语言进行描述这一标准加以衡量,不如从个人的主观经验出发,理解其含义,这更为重要一些。我们对周身所处现实世界的深刻认知即是语义记忆。当年龄不断增长时,上述知识的总量将会远远胜过年轻的时候。即便自身毫无察觉,我们的行为也会在极大程度上受到它们的影响。如果称其为"智慧"也不为过。

如前所述,在年龄增长的过程中,发生改变的并非是"记忆力",而是"对待记忆的方式"。在年龄增长的过程中，人类从优先保留情节记忆，转换至优先保留语义记忆，因此获得全新的情节记忆愈加困难。与此相对，语义记忆的总量却在不断增加，在无意识之间，大脑更容易发挥其深层功能。

累积那些无法使用语言加以描述的记忆

"非陈述记忆"与"陈述记忆"相对应，它可细分为"程序记忆"（procedural memory）[1]和"情绪记忆"（emotional memory）。与运动时身体的知觉技能、动作的灵活性相关的记忆称之为"程序记忆"，与喜悦、恐怖等情绪紧密结合的记忆则称作"情绪记忆"。

一方面，肢体运动与小脑、大脑深部的"基底核"（basal ganglia）[2]密切相关，它涉及人体功能的方方面面，也极其复杂。例如，投球时的动作要点、骑自行车时的左右平衡

---

[1] 也称"进程记忆""过程记忆"等。
[2] 也称"基底节"。

方法等，这些知识全都无法使用语言加以描述。诸如此类难以转化为语言且在大多数情况下皆与肢体运动密切相关的记忆，一般被称为"程序记忆"。

另一方面，人们因接触到全新事物和新鲜信息而引发内心情绪的起伏变化，由此形成的记忆被称为"情绪记忆"。情绪记忆也影响着我们每日接触新信息时的情绪走向。纵使欣赏同一部影片，每一个人的观影感受和情绪变化也各不相同。实际上，这些差异均因不同的情绪记忆影响所致。

非陈述记忆的显著特征是，它会在人们下意识间发挥作用。即使我们不会有意识地将非陈述记忆与前文提及的语义记忆转化为语言表达，但它们仍旧运转不息。例如，我们在写字和动用筷子的时候，不会有意识地听从动作指令、依照次序步骤分别完成。除此之外，情绪记忆也会在下意识间成为某种行为的内在动机，它与行为者的人格和个性直接关联，诸如"易怒"性格和"爱哭"特质等。

实际上，人类从未有意识地将大多数的个体行为和思维判断转化为语言表达。取而代之的则是，在人们的无意识间，上述"无法使用语言加以描述的记忆"，抑或是"难以使用语言加以描述的记忆"持续产生影响。倘若依照记忆对个体的影响程度加以考量，与情节记忆相比，上述记忆发挥着更为重要的作用，并且对个体生存产生着决定性的影响，这一说法并不为过。

更有甚者，非陈述记忆不会遗忘且在不断累积，即使早至幼年时期获得，它也会根植于大脑之中，近乎贯穿于你的人生始末。

如前所述，人们易于遗忘的主要是"情节记忆"。回想过往收集到的信息，一般称为"回忆"。倘若始终无法想起，即便在考场上，这些知识点也无法派上用场。可当考试结束后，考生却有可能在某种机缘巧合之下，突然间回想起知识点。记忆保留程度有高低之分，记忆与信息之间的关联度各有差异，因此回忆起来的难易度也就大相径庭。在备考之际，多数人会将知识点归纳于笔记本里、又或是高声诵读教材，这样的做法旨在通过多种渠道拓展记忆深度、降低回忆难度，这也是一种科学合理的复习策略。

尽管如此,考试之类的特殊情况暂且不谈,纵使我们在日常生活之中无法回忆起情节记忆(即变得健忘),它们也不会对个体生存产生决定性的负面影响。罹患认知障碍的患者生活困难,但健忘却与之迥然不同。完全没有必要为了健忘而耿耿于怀。

大脑与记忆的运作机制

前文已经提及了大脑运转方式与记忆的分类。下面则要介绍大脑与记忆的运作机制。虽然看似稍显复杂,但厘清其脉络后,一定可以轻而易举地理解记忆与遗忘的本质。

大脑中存在着神经元(neuron)和三种神经胶质细胞〔glial cell,其中包括星形胶质细胞(astrocyte)、少突胶质细胞(oligodendrocyte)、小胶质细胞(microglia)〕。神经元负责传递记忆信息,而神经胶质细胞则在稳固记忆方面发挥着重要作用。两者之间的构成比例虽然因年龄和个体差异而各不相同,但平均而论,神经元约占20%,神经胶质细胞约占80%。

神经元的一端上有着数百至上千个形似纤细树枝的"树突"(dendrite)，神经元通过这些突起，接收其他神经元传递而来的信号，其中承载着记忆信息。如图2所示，神经元将其转换为电信号后，传导至轴突（axon）这一较长的突起之中。上述流程想必与大多数人印象之中的大脑运转方式较为接近。然而，此后的流程却与电脑的运转方式大相径庭，人脑运转的关键之处即在于此。在神经元的末端，存在着一种名为"突触"的结构。这一结构用于连接两个相邻的神经元，承担着信息传递的功能。两个神经元通过突触相互连接，中间存在着一点小缝隙〔一般称为突触间隙（synaptic cleft）〕，两者通过这一缝隙进行着化学物质〔神经递质（neurotransmitter）与离子（ion）〕的交换。

如图3所示，接收信息的神经元配备了受体（receptor），用以从缝隙中接收神经递质与离子，并将接收到的"化学信号"转化为"电信号"。

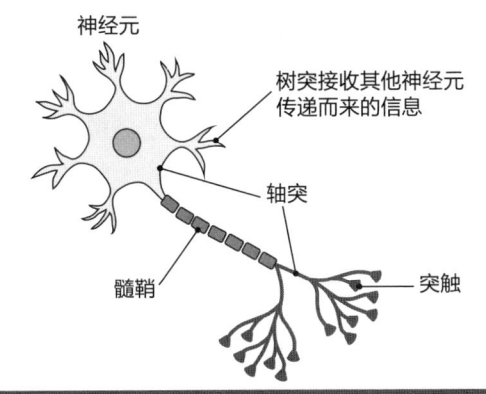

图2 神经元的结构

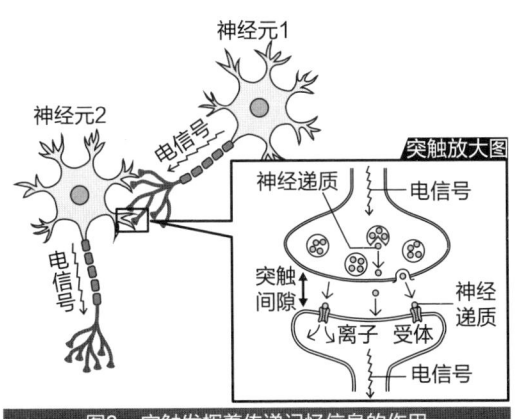

图3 突触发挥着传递记忆信息的作用

换句话说，神经元首先特意将"电信号"转换为包含神经递质与离子之间的"化学信号"，并将其在两者的缝隙之间传递给了另一

遗忘意味着大脑在不断进步——探寻记忆的本质

个神经元。而后，神经元再将其转换为"电信号"。如此一来，便将记忆信息由"电信号"转换为"化学信号"，大脑传递信息的显著特征即在于此。

那么为什么要采用如此冗余的系统呢？倘若只需传递信息，仅凭电信号进行传导便已极其迅捷高效，这背后的原因是什么？

答案竟是"为了遗忘"！神经元通过突触之间的缝隙交换化学物质，以此调整信息的传递方式、掌控记忆的留存情况。若要原封不动地以电信号传递信息，则将难以发挥化学物质产生出的"遗忘功能"。关于这一点，下文中将会予以详细说明。

大脑如上述这般积极主动地发挥着遗忘的功能，其原因究竟在哪里？为探查其内部机理，让我们先来了解一下记忆的形成过程。

记忆是如何产生的？

如前所述，因记忆种类的不同，记忆时动用的大脑部位也不同。如图 4 所示，"陈述记忆"主要动用海马体（Hippocampus）和大脑皮层（cerebral cortex）。"非陈述记忆"中的"程序记忆"动用大脑深部的基底核和小脑，"情绪记忆"则主要动用与海马体相邻的杏仁核（amygdala，大脑边缘系统的一部分）[1]。

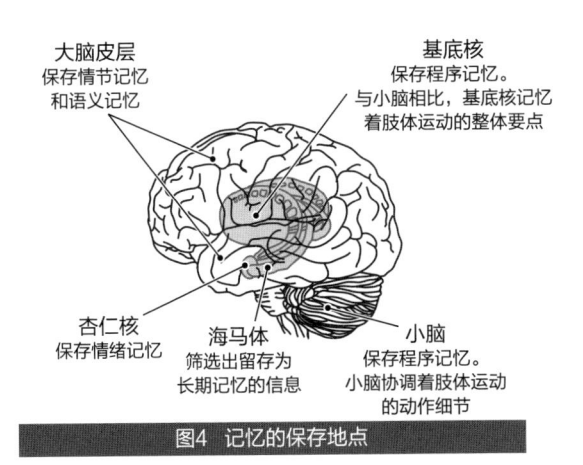

大脑皮层
保存情节记忆和语义记忆

基底核
保存程序记忆。与小脑相比，基底核记忆着肢体运动的整体要点

杏仁核
保存情绪记忆

海马体
筛选出留存为长期记忆的信息

小脑
保存程序记忆。小脑协调着肢体运动的动作细节

图4　记忆的保存地点

在陈述记忆之中，位于大脑内侧颞叶（temporal lobe）的海马体极其活跃。有关认知障碍的电视节目和新闻报道里，海马体这一重要部位也频频现身。或许是因为海马体的知名度较高，作者在门诊部出诊时，下述情况愈加频发：当我拿出颅脑磁共振成像

---

[1] 也称杏仁体（amygdaloid body）。

遗忘意味着大脑在不断进步——探寻记忆的本质　019

（Magnetic Resonance Imaging，MRI）的影像图给患者浏览并说明病情时，患者会反问道："医生，比起这个，我的海马体怎么样了？"

海马体是记忆形成过程中的必经之路，这一点在小鼠实验中也可以得到验证。在实验中，研究人员使用辐射线照射小鼠的海马体，使它完全停止运转。实验结果显示，此时即使其他部位仍处于健康状态，小鼠也不会产生出全新的记忆。除此之外，研究人员还发现，罹患阿尔茨海默病的患者多见海马体萎缩现象，表现为海马体中的细胞减少。

陈述记忆首先是在海马体之中形成的。海马体发挥着形成记忆的重要作用，它会根据记忆信息而暂时性调整突触的形状与其功能，以此提升信息传递的效率。具体包括"放大突触""增加神经递质的数量与接收神经递质的受体数量"等一系列变化。如图5所示，在脑科学界，这一强化突触信息传递功能的现象一般称之为"突触可塑性"（synaptic plasticity），它是记忆形成过程中的关键因素。

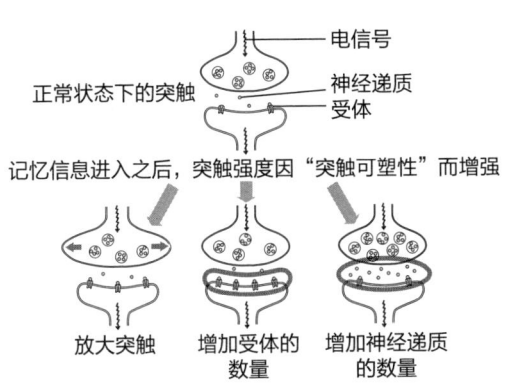

正常状态下的突触 —— 电信号
—— 神经递质
—— 受体

记忆信息进入之后，突触强度因"突触可塑性"而增强

放大突触　　增加受体的数量　　增加神经递质的数量

大幅度提升信息传递能力，这一变化揭示了记忆的本质

图5 记忆受到突触强度变化的影响

突触强度的提升，意味着信息更易于通过突触转向下一个神经元，并且也激活了神经回路。这一变化给大脑施加了微弱的影响，使其能够更加自如地应对下一次的刺激。"记忆"的本质即在于此。

人们通常认为记忆即为"在没有遗忘的前提下，牢固地记住某件事物"。然而，从更为宽泛的意义上讲，记忆也可以理解为"受到外界环境的刺激后，大脑内部发生变化"。这一说法的理由源于：大脑获取记忆之后，产生变化的不仅仅只是突触的强度，还包括支持突触的神经胶质细胞，其运转方式也发生变化。除此之外，对于后续受到的刺激，大脑也将做出不同的反应。

恐怕大多数人都认为，记忆的产生过程宛如是"从无到有地开辟出一条全新的铁路线"，即人们获取信息后，大脑的神经元之间产生了全新的神经回路，记忆便由此而生。

然而，事实却并非如此。大多数情况下，现有的神经元之间的连接强度或增强或减弱，记忆便由此而生。例如，就如同是在改造电车车站，我们通过疏导人流或是修理电车等方法，使它能够更为快速地运载更多的乘客。

退一步说，人在 10 岁之后，大脑已经发育成熟，不会再因记忆或是学习的需要，而产生出全新的神经回路。为了防止神经回路发生改头换面的变化，成熟的大脑建立出了一套机制，用以抑制产生出全新记忆的"神经纤维"的伸展。具体来说，这是"髓鞘"（myelin sheath）的细胞膜组织在发挥作用。它是由神经胶质细胞中的少突胶质细胞产生的。

为什么大脑在获取全新的记忆时，不产生出全新的神经回路呢？其原因在于，倘若大脑的神经回路每日都在更新变化，或许昨天的你处理某件事情绰绰有余，今天却无比艰难；昨天的你对某件事情了如指掌，今天却忘得一干二净。假如事实果真如此，这不但严重影响正常生活，人类也根本无法生存至今。关于这一点，下文中还会详细说明。因此在进化过程中，大脑并未选择走向"制造出全新的神经回路"这条道路。

灵活运用上述功能后，人类能够在记忆的基础之上深入思考。大脑通过加快突触的不断变化，从而创造出记忆，并以此为基础深入思考。上述过程循环往复，大脑不断进化至今。

从海马体的"短期记忆"到大脑的"长期记忆"

实际上，即使记忆因海马体内的"突触可塑性"而形成，大多数情况下也仅能维持几十分钟，甚至几十秒。归根结底，它们都属于"短期记忆"。倘若没有在大脑中不断重复这些记忆，即没有反复传递信号而有意识地进行回忆［这种行为通常被称为"复述"（rehearsal）］,

那么这些记忆就会逐渐消失不见。其原因在于，突触的强度对于维持记忆至关重要。突触的强度既有增强之时，也有减弱之时。

为使在长时间内记忆稳定不变，必须改变记忆的保存地点，即由根据信息不断变化的海马体的神经回路，转移至大脑皮层的神经回路。例如，"短期记忆"好似钱包里的零钱，"长期记忆"如同银行中的存款。钱包里的零钱时常流动、有进有出，但若存到银行后，便具备了一定的稳定性，我们无法轻易使用。银行存款往往都是人们不断积蓄和汇集而成的。

为使记忆的保存地点转移至大脑，海马体中的突触强度提升之后，通过复述行为，反复传递信号，并将其传递至大脑里。此外，在大脑皮层内，神经元的突触强度也需要提升。如图6所示，在上述行为的影响之下，长期保存的记忆储存于拥有广大面积的大脑皮层之中。

出人意料的是，记忆的形成与蛋白质密切相关。不论是海马体内的神经元，还是大脑皮层内的神经元，它们在改变突触强度时，都会合成蛋白质。蛋白质决定了突触的形状,其原因在于分泌神经递质的突触小泡[1](synaptic vesicle)与其受体均由蛋白质组合而成。

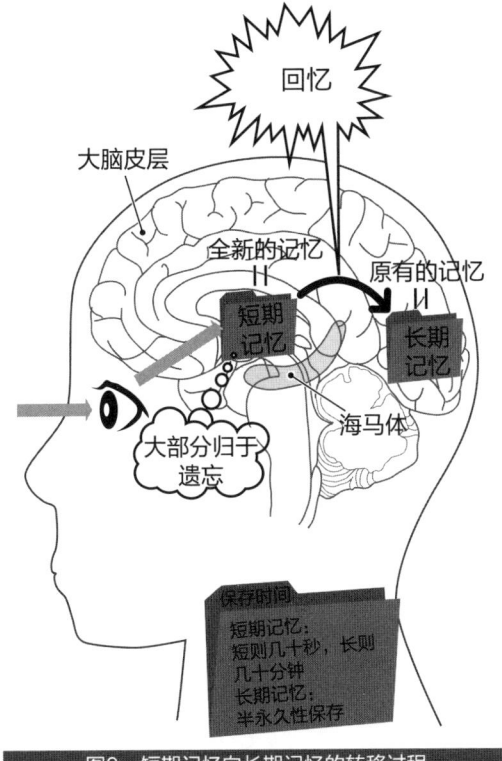

图6 短期记忆向长期记忆的转移过程

图中标注:回忆、大脑皮层、全新的记忆=短期记忆、原有的记忆=长期记忆、海马体、大部分归于遗忘

保存时间
短期记忆:短则几十秒,长则几十分钟
长期记忆:半永久性保存

---

[1] 也称"突触囊泡"。

若要在海马体中产生短期记忆，并将其转化为大脑皮层内稳定的长期记忆，则大多数的蛋白质都将发生改变。倘若无法供给充足的蛋白质，人类便难以创造和维持记忆。

除此之外，在有关短期记忆转向长期记忆的研究中，近年来全新观点层出不穷。研究人员发现，星形胶质细胞在海马体中发挥着重要作用。

每一个星形胶质细胞中竟有超过十万个的突起！这些突起之间相互结合，构成了庞大的神经网络，发挥着信息传递的功能。如图 7 所示，星形胶质细胞拥有的突起数量超过神经元百倍，神经网络单次足以驱动多个神经元，真可谓是神奇的构造！

近些年来，动物实验的结果显示，倘若海马体中的星形胶质细胞停止运转，虽对短期记忆毫无影响，却阻碍了长期记忆的形成。除此之外，实验结果还表明，在短期记忆转变为长期记忆，即信息由海马体转移至大脑皮层的过程之中，星形胶质细胞必不可少。星形胶质细胞拥有丰富的突起，在转移过程中，大脑充分利用了突起之间构成的神经网络。若说大脑是在星形胶质细胞的支配之下运转不息，也并不为过。

星形胶质细胞
该细胞拥有丰富的突起，突起之间构成的神经网络单次足以驱动多个神经元。在短期记忆向长期记忆的转移过程中，星形胶质细胞必不可少

图7　连接多个神经元的星形胶质细胞

为什么海马体内的新生神经元会产生出全新的记忆呢？

人类的大脑内存在着1000亿个神经元，由它们构成的神经网络虽然极其庞大，却也并非无穷无尽。面对新信息，倘若仅靠现有的神经元则应对不了。在获取记忆之际，大脑会产生出全新的神经元（即"新生神经元"）。

全新的神经元的产生过程一般被称为"神经发生"(neurogenesis)[1]。这一现象主要发生在产生短期记忆的海马体里。保存长期记忆的大脑皮层从未出现过该现象。海马体是产生记忆的必经之路,也是成年人大脑里极少出现"神经发生"现象的部位之一。为了获取全新的记忆,海马体中的新生神经元必不可少。

尽管如此,如前文所述,海马体不会产生出全新的神经回路,神经网络自身的构架也不会发生变化。大脑无法保存下所有的记忆,倘若毫无休止地产生出全新的神经元,那么大脑有限的空间则将被填充得满满当当。

大脑又是如何利用有限的空间呢?研究已经证明,海马体内全新的神经元清除了原有的神经元。换句话说,获取全新的记忆,便意味着原有的记忆消失不见。如果无法遗忘原有的记忆,想要获取全新的记忆便无从谈起。关于这一点,下一章中将会详细阐明其内在机理。

---

[1] 也称"神经形成"。

即使如此，为什么海马体内的新生神经元会产生出全新的记忆呢？其原因在于，这种做法极为高效，它可以避免扰乱储存于大脑皮层中原有的长期记忆。

倘若新信息不经由海马体，而是直接转移至大脑皮层中全新的神经回路里，那么情况又将如何？大脑是储存长期记忆的仓库，为使全新的记忆在顷刻间保存在大脑内，必须在脑中更改与记忆相关的神经回路。

如此一来，全新的记忆便将接连不断地清除、覆盖、更新过往长期保存的知识和经验。今天的我有别于昨天，"自我同一性"（ego-identity）[1]荡然无存。

上述所讲的"覆盖性变化"其实并非好事。大脑通过累积个人过往经历以提升价值。唯有长期保存过往的经验和知识，并改变某些理应发生变化的部分，才算是进步。

假如"覆盖性变化"果真存在，既无法从过往的经验中吸取教训，也难以避开无法

---

1 个体关于自我在时间上的连续与稳定性、与他人的分离性的认识。

适应的环境与外部敌人。最终人类社会难以为继、物种濒临灭绝。若是如此,人类应该也无法进化至今。

因此,人类采取的策略是,暂且先将全新的记忆集中归置于海马体内,再耗费时日将其中真正重要的信息慢慢转移至大脑皮层中。面对无穷无尽的新信息,人类并非毫无条件地将其收纳在大脑内,而是先驱使海马体中的新生神经元予以应对,之后再将一些重要的信息转移至大脑皮层。这一策略着实令人叹为观止。

在获取记忆之后,我们必须持续不断地刺激与该信息相关的神经元网络。如此一来,才能在大脑中形成稳定的长期记忆。这种"重复性刺激"才是大脑判断是否真正属于重要信息的根据。

大部分的记忆命中注定都将被遗忘。例如,在考试前囫囵吞枣背下的知识点,考试一旦结束,它们就会被迅速遗忘。其原因在于,这些记忆并未稳定地留存在大脑皮层中的神经元网络里,而这些神经元网络却保留了长期记忆。

神经元网络并非无穷无尽，倘若考试前灌输的知识仍旧留存，大脑就无法获取全新的信息了。临阵磨枪学来的知识，其中大部分都会被遗忘，也在情理之中，这正是大脑正常运转的表现。

在灌输而来的知识里，只有对于今后人生旅途必不可少的记忆才会在大脑中留存，余下的只需留有大概的印象、知道出自何处即可。如此一来，对于那些可有可无的记忆，大脑会留有模糊的印象，后面若有相似的经历时，便会产生恍然大悟的切实感受。那时记忆才会铭刻于心。

至此，我们已经掌握了"记忆的运作机制"，它有助于我们更好地理解遗忘。

第二章 大脑具备的"遗忘能力"——通过遗忘获取全新的记忆

夏洛克·福尔摩斯
聪明绝顶却十分健忘

世界上有人过目不忘,但也有一群人,他们虽未罹患认知障碍,却十分健忘。学校里的考试往往考查学生的记忆总量,谁记忆的知识点越多,谁的分数就越高。然而步入社会之后,也并非是善于记忆之人就从事更为优质的工作,对社会的贡献度更高。

当今社会,有不少人开设了记忆训练讲座,旨在帮助人们瞬间记忆下大量的信息,并形成庞大的记忆总量。然而,我却很少有听闻哪位"记忆大师"在社会上成就斐然。反而平时十分健忘的人,却能做出很多成功的事情。想必那些举世闻名的企业家与创新者,也都未必属于博闻强识的人吧。读者朋友们是否能够想起类似的事例呢?

100多年前,阿瑟·柯南·道尔(Arthur Conan Doyle)[1]撰写了以《福尔摩斯探案集》

---

[1] 阿瑟·柯南·道尔(1859—1930),出生于苏格兰爱丁堡,英国知名侦探小说家、医生。

为名的一系列侦探小说。小说主人公夏洛克·福尔摩斯[1]可谓是"健忘的智者"的典型代表。

夏洛克·福尔摩斯（Sherlock Holmes）是一位知名侦探，他凭借着敏锐的观察力和杰出的推理能力解决各式各样的疑难案件。然而，他的搭档华生（Dr. John H.Watson）医生却在与福尔摩斯相遇之初，对他那一无所知之态惊叹不已。他既不知道尼古拉·哥白尼（Nicolaus Copernicus）[2]的日心说（heliocentrism）[3]，也不明白太阳系的结构。而在向华生医生请教之后，福尔摩斯竟然说道："让我们努力忘掉它们吧。"

福尔摩斯将大脑比作空间有限的"阁楼"，并向华生阐述了自己的想法："愚蠢的人随手将无用之物铭记于心。如此一来，大

---

1 柯南·道尔所塑造的知名小说人物，善于透过观察与演绎法和司法科学来解决问题。
2 尼古拉·哥白尼（1473—1543），文艺复兴时期的波兰数学家、天文学家，曾提出日心说理论。
3 又称"地动说"，是关于天体运动的、和地心说相对立的学说。日心说认为太阳是宇宙的中心。

脑毫无空间存放有用的知识。即使强行塞入，也会与其他信息混杂交错，无法随意取用……一般人往往认为这间'小阁楼'的墙壁伸缩自如、空间无穷无尽，这简直是大错特错。记忆全新的知识便意味着遗忘原有的知识。因此，至关重要的是，别让那些无用的知识把有用的给挤出去。"［摘录自《福尔摩斯探案全集：血字的研究》[1]（*A Study in Scarlet*）］

柯南·道尔在作品中展露出了上述观点，其远见卓识令人瞠目结舌。当下距离原作诞生已近150年，然而时至今日，脑科学界已然证明，福尔摩斯观点中的绝大部分都是合乎道理的。

大脑的容量并非无穷无尽，即便大脑容量能够持续扩大，维护工作也需耗费巨大成本，恰如其分地相互连接储存的记忆也并非易事。储备的知识量再过庞大，也未必就能做出正确的判断，反而多余的记忆和无用的

---

[1] 第一本以名侦探夏洛克·福尔摩斯为主角的作品。故事描述一桩发生在伦敦空屋中的谋杀事件，其中竟牵涉到多年前发生在美国宗教领地的恩怨。

知识有时会阻碍我们做出判断、深入思考。唯有通过遗忘，大脑才能获取全新的记忆，也才能深入进行"个性化思考"。

本章基于时下最前沿的脑科学知识，向读者朋友们介绍大脑具备的"遗忘能力"，之后再来了解一下应对遗忘的合适方法。

所谓遗忘就是
蛋白质的损坏

如前文所述，记忆的获取与大脑整体性的动态变化密切相关。蛋白质在形成记忆的"突触可塑性"中发挥着核心作用。

"记忆的物质基础是细胞组成的神经网络，蛋白质只是其中一个元件。"想必不少人都会对这一事实颇感意外吧？毫无疑问，蛋白质自然也与"遗忘"息息相关。

"遗忘"，是因蛋白质遭受破坏而产生的现象。

脑科学界已经明确了"遗忘"可分为"被动性遗忘"和"主动性遗忘"。具体而言，"被动性遗忘"是指在时间的流逝过程中，蛋白质自然地遭受破坏;"主动性遗忘"则是指大脑积极主动地破坏与记忆相关的蛋白质。随着时间的不断流逝,作为记忆基础的蛋白质自然而然地遭受破坏。与此同时,大脑也积极主动地消耗能量破坏蛋白质。

大脑竟会积极主动地破坏与记忆相关的蛋白质?这一现象乍一看实在令人费解。随着时间的不断流逝,蛋白质自然会遭受破坏,神经元也将逐渐走向死亡,大脑为何还要特意消耗能量以消除记忆呢?本书最想强调之处即在于此。那么,让我们来具体了解一下"被动性遗忘"和"主动性遗忘"吧。

被动性遗忘

作为记忆基础的蛋白质易于遭受破坏,随着时间的不断流逝,蛋白质命中注定不断遭受破坏。因此,纵使大脑并未特意消耗能量主动遗忘,随着时间的推移,遗忘也会自然而然地发生。这就是"被动性遗忘"。

随着时间的不断流逝,与记忆相关的蛋白质又是如何遭受破坏的呢?

如图 8 所示，作为记忆基础的蛋白质是由 20 种氨基酸（amino acids）[1]中的绝大多数依照直线型连接而成的分子。蛋白质中较长的链状结构[2]的折叠方式至关重要。其原因在于，链状结构的折叠方式既决定了蛋白质的立体结构，也影响了蛋白质所能发挥的作用。

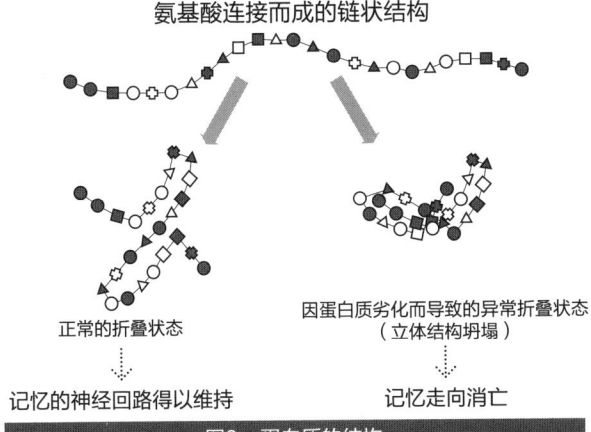

氨基酸连接而成的链状结构

正常的折叠状态
↓
记忆的神经回路得以维持

因蛋白质劣化而导致的异常折叠状态
（立体结构坍塌）
↓
记忆走向消亡

图8　蛋白质的结构

1　组成蛋白质的基本结构单位。人体内有 20 种氨基酸，在营养和代谢上分为 3 类：必需氨基酸、条件性必需氨基酸及非必需氨基酸。
2　即"肽链"，是由多个氨基酸相互连接在一起所形成的链状结构。

并且，维持蛋白质的立体结构需要消耗能量，这绝非易事。随着时间的不断流逝，这一立体结构注定要面临坍塌。倘若作为记忆组成部分的蛋白质出现劣化、立体结构面临坍塌，自然难以维持与记忆相关的神经回路。

内质网（endoplasmic reticulum）是细胞内部重要的细胞器，它把控着包括折叠方式在内的蛋白质的整体质量。"残次"的蛋白质数量增多将会加重内质网的负担，劣化的蛋白质不仅诱发突触功能障碍，更会引起"内质网应激"（endoplasmic reticulum stress），导致细胞死亡。

除此之外，立体结构遭受破坏的蛋白质易于引发"蛋白质聚集"（Protein Aggregation）现象，这将导致大多数蛋白质组成团块、形成聚集体。想要排出或是分解蛋白质聚集体并不容易，如若置之不理，则会损害细胞功能。

假如未能充分地刺激到与该记忆相关的神经回路，则立体结构坍塌的速度便会不断加快。但如果缺乏因回忆而不断产生的电流刺激，便无法供给维持立体结构所需的能量，也就无法合成所需的全新蛋白质。不久之后，与该记忆相关的蛋白质就会遭受破坏，与记忆相关的神经回路也难以为继。

这种蛋白质的自然破坏将会抑制突触发挥作用，最终导致记忆走向消亡。

生命最终都会消亡，由此才会一脉相承进化至今。与此同理，大脑也在"蛋白质从生至死"的周期过程中不断改变，以适应外界环境。大脑在留存记忆信息之际，合成蛋白质并增强突触的功能。倘若这一蛋白质丧失其必要性，也会自然遭受破坏，突触的功能返本还原。或许我们能说，正是因为蛋白质的自然破坏（即遗忘），才导致了大脑随着外界环境的变化而不断改变，并一路进化至今。

主动性遗忘

上文中我们已经详细阐明了"被动性遗忘"的运作机制，即随着时间的不断流逝，蛋白质自然遭受破坏。与此同时，如果我们积极主动地破坏与记忆相关的蛋白质，或是合成蛋白质、用以加快与记忆相关的神经回路的破坏进程,那么遗忘也将更加快速地到来。

实际上,大脑中已有"主动性遗忘"这一机制。原来大脑非但没有在努力地维持记忆,反而会迅速地清除记忆。

产生"主动性遗忘"的原因究竟在哪里?

发育成熟的生物体原本就讨厌变化,这是生物体生存的重要原则,可称之为"恒常性维持"机制。日常生活中我们都有切身体会,例如人体通过出汗或扩张血管等方式,以降低体温。

同理,我们从日复一日的生活和工作之中获取海量的信息,它们也会不可避免地改变大脑的状态。全新的记忆也可视作某种"威胁大脑恒常性维持机制的变化"。对于这种变化,生物体内部的"恒常性维持"力量运转不息,它试图使得生物体回归原初的状态。为此,大脑努力降低蛋白质的合成量、减弱突触的强度。并且,大脑积极主动地破坏那些与记忆相关的蛋白质。倘若蛋白质的合成量较之原初有所增长,那么这股力量便竭力地降低合成量,与此同时积极主动地分解蛋白质，使得一切恢复如前。

更为令人惊讶的是，脑科学界已经证实了人体内也存在着一种蛋白质，它能积极主动地加快遗忘进程，它被称为"Rac1"。

这一蛋白质分子属于"低分子量 G 蛋白"[1]（Small G Protein）。它在细胞内的信息传递中，发挥着加快传递的分子开关功能。并且，Rac1 分子与细胞的形状及其运动、细胞之间的黏附、基因的使用方式等息息相关，具备的功能也涉及多个领域。

脑科学界已经证实，大脑之中一旦出现 Rac1，就会产生主动性遗忘。除此之

---

[1] 低分子量 G 蛋白是指分子量较小（35~50kDa）的 Gα 亚单位。低分子量 G 蛋白的共同特点是，当结合了 GTP 时即成为活化形式，这时可作用于下游分子使之活化，而当 GTP 水解成为 GDP 时（自身为 GTP 酶）则回复到非活化状态。这一点与 Gα 类似，但是 Ras 家族的分子量明显低于 Gα。低分子量 G 蛋白在多种生理过程中发挥着重要的作用。例如，在细胞的分化、增殖和凋亡等过程中，低分子量 G 蛋白通过激活或抑制下游信号通路参与调控。此外，低分子量 G 蛋白还参与了细胞内的信号调控、胚胎发育、神经传递等多个方面。

外，Rac1 还具备改变"肌动蛋白丝"[1]（actin filament）这一细胞骨架形状的功能。细胞突起是产生突触的重要场所，上述功能将会导致细胞突起的消亡，由此突触发生退缩性变化，记忆也不复存在。

大脑兴致勃勃地接收新信息，并且分泌出大量的多巴胺（dopamine）。与此同时，促进主动性遗忘的 Rac1 数量增加。产生多巴胺的神经密布于海马体之中，它们会引起突触发生改变，从而促进新记忆的产生。与此相对，大脑也会同时激活 Rac1，消除旧记忆。

大脑竟会积极主动地生成"破坏记忆"的蛋白质？面对这一事实，想必不少人都会惊讶不已。此前，我在面对健忘时内心五味杂陈，既觉得可悲可叹，又觉得怒火中烧，其中也夹杂着几分失落。然而就在我在熟知了这一事实后，也能容忍自己的健忘，顿觉心旷神怡。遗忘可谓是"挑战新事物的证明"。

---

[1] 又称"微丝"（microfilaments），是由肌动蛋白（actin）分子螺旋状聚合成的，直径约为 7nm 的纤丝。

其实，不仅仅只有 Rac1 积极主动地消除记忆。

小胶质细胞是大脑中的免疫细胞，它会精准地清除那些归属于神经胶质细胞且较少使用的神经元。海马体中的部分神经元缺乏活跃性，并且处于形成突触的过程之中，那么小胶质细胞也会持续不断地吞噬、清除这些神经元。这一做法旨在帮助记忆长期留存。小胶质细胞积极主动地消除多余且无用的神经元，从而形成更为高效的神经回路、帮助那些常用的神经元更好地发挥作用。

其原因在于，倘若大多数缺乏活跃性的神经元相互连接，就会阻碍神经回路的正常运转。大量多余信息输入后，大脑处理它们耗时费力，最终更有可能无法做出正确合理的判断。与此相较，更为高效的做法则是，将那些较为常用的神经元与确凿无误的信息相互结合，从而推导出结论。如此一来，小胶质细胞通过清除电离子活跃度较低的神经元，以优化神经回路。

如上所述，大脑为主动性遗忘而不断努力。最终，我们留存下了不可或缺的记忆。

与此同时,不论是在理性层面,还是在感性层面,大脑功能均处于正常运转的状态之中。

为了获取新记忆,不断消除旧记忆

脑科学界研究逐渐发现,大脑不仅仅只是在积极主动地清除记忆,也在获取和维护记忆。除此之外也已证实,在海马体中,为获取新记忆而产生出的新生神经元,反过来会清除原有的神经元。

某些记忆研究以动物作为实验对象,其中的大多数实验都是从地板释放电流,刺激实验体,并使其习得恐惧记忆。之后再次复原当时的情景,恐惧记忆便会诱发冻结反应[1]。获取新记忆所必需的新生神经元既可通过运动增加,也可通过照射辐射线和服用部分抗癌药物减少。实验人员通过上述手段调控新生神经元的数量,并且调查实验体的大脑是

---

1 又称"强直静止反应"(tonic immobility)。一般认为强直静止是一种反捕食者的防御行为,反映了潜在的先天恐惧状态。

否仍旧留存有恐怖记忆。

实验结果表明,通过增加实验体的运动量以促进"神经发生",即产生出新生神经元,有助于减少因恐惧记忆而诱发的冻结反应次数。通过运动促进"神经发生",可以促进实验体遗忘恐怖记忆。许多研究人员也已证实,若是反其道而行,预先抑制"神经发生",则实验体既难以形成新记忆,而运动促进遗忘的效果也会烟消云散。

如果减少海马体中"神经发生"的频次,则可长期维持现有的记忆。这也意味着,只要不获取新记忆,旧记忆就更容易留存。归根结底,新生神经元在积极主动地消除旧记忆。

同理,倘若人类没有获取新记忆,则大脑的遗忘频率将会下降,现有记忆的维持时间也将相应延长。

在上述"主动性遗忘"的影响下,在海马体中,一些略微陈旧的新生神经元倘若未能通过"复述"(即反复回忆)行为,转移至保存长期记忆的大脑皮层之中,则会为源源不断产生出的、更为新颖的新生神经元所清除。这也正符合"弱肉强食"的自然规律。海马体可谓是新生神经元的角斗场,在此轮番上演着一幕幕为了生存而激烈角逐的生死博弈。

这一机制的关键在于,为了产生出与新记忆息息相关的新生神经元,必须在大脑中留有它的一席之地。为此,则更要积极主动地消除那些略微陈旧的新生神经元。

这也可以比作新旧生命的更迭交替。倘若一个个古老的生命体永存不朽,新生命体就不存在容身之地,这一"物种"整体便无法适应新环境,不久之后所有的生命都将走向灭亡。

同理,新生神经元也始终处于更迭交替的周期循环之中。正是因为旧记忆让渡出了物理空间,新记忆才得以产生,人类也才得以进化至今。倘若大脑无法遗忘,我们人类也就无法拥有新记忆、无法持续不断地适应新环境,不论是生命个体的成长,抑或是物种整体的进化,全都无从谈起。正是因为生命与记忆时常处于变化之中,人类才得以繁衍生息、迈向未来。

随着时间的不断流逝，遗忘的速度逐渐缓慢

上文中我们已经说明了记忆与遗忘的内在机理，它们都与蛋白质的合成和破坏息息相关。蛋白质易于遭受破坏，大脑甚至产生出了促进主动性遗忘的蛋白质。那么，已经形成的记忆多久之后才会被遗忘掉呢？

著名的"艾宾浩斯遗忘曲线"便揭示了其中的原理。表1中的横轴表示"学习后经过的时间"，纵轴则表示"记忆保留比率"。获取记忆20分钟后遗忘了42%，1小时后遗忘了56%，1天后遗忘了74%，1个月后遗忘

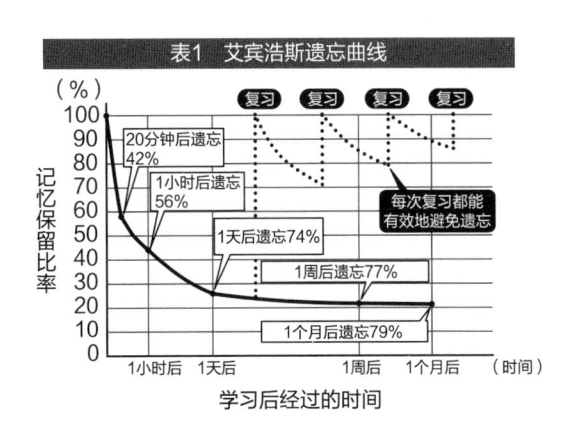

表1 艾宾浩斯遗忘曲线

- 20分钟后遗忘42%
- 1小时后遗忘56%
- 1天后遗忘74%
- 1周后遗忘77%
- 1个月后遗忘79%
- 每次复习都能有效地避免遗忘

了79%。由此可见，最初的20分钟内记忆的遗忘速度最为迅捷，1天后的遗忘程度与1个月后相差无几。若以小鼠或果蝇作为实验对象，实验结果也大致相同。在最初的20~30分钟内，记忆量会迅速地减少。

可以说，在最初30分钟内复习最为高效，这一做法有助于提升记忆保留比率。除此之外，如果已经经过了24小时，不论是在1天之后，还是在1周之后，复习效率相差无几。如果有什么事情必须铭记在心，应当尽快在脑中反复思索。否则，大脑将会认为这一信息无关紧要，并持续不断地清除记忆。这既是大脑正常运转的表现，也符合人体的生理学原理。

顺便说，实验结果证实，随着时间的不断流逝，"主动性遗忘"和"被动性遗忘"的运作机制也会发生变化。在动物实验中，研究人员操纵基因以使Rac1完全失效，之后对动物大脑的遗忘过程加以观察。与正常情况相比，最初的30分钟内，大脑的遗忘速度几乎没有发生任何变化。所以，在最初的30分钟内，主要是被动性遗忘在发挥作用。

在此后的24小时内，Rac1失效的实验

动物的遗忘速度逐渐放缓，24小时后，两者之间几近毫无差别。所以最初的30分钟主要是被动性遗忘在发挥作用；而在30分钟~24小时这一时间段内，则主要是Rac1在积极主动地消除记忆。

从Rac1的作用出发，我们在一定程度上也可以对遗忘加以掌控。首先，当你获取了必须牢记的记忆时，至少当天尽量避免运动，因为运动会促进神经系统更加活跃。其次，还需回避接触其他令人兴奋的新信息，以免激活Rac1，使得主动性遗忘发挥作用。想必备考之后再出门游玩的人为数不多吧，如果你有每日跑步的生活习惯也最好控制一下，复习完毕直接入睡更有益于记忆留存。

我们虽多用"艾宾浩斯遗忘曲线"避免遗忘，但其实它也可以帮助我们加快遗忘进程。读者朋友们是否有一些难以忘怀的负面记忆呢？之所以难以忘怀，其原因在于，负面记忆引发内心情绪起伏变化，人们会反复思考负面记忆的方方面面。想必不论是谁都曾扪心自问："要是我当时这么做，会不会更好一些？"

然而，这就如同是在接连不断地复习那些负面记忆。倘若下次你再遇上那些令人厌恶的烦心事，请勿再次回顾事件本身，只需坦然接受内心低落的情绪即可。切勿"复习"负面记忆，在最开始的那一天里，尽可能多地遗忘它们。如此一来，负面记忆便不会令你长期心烦意乱。

若从 Rac1 的作用出发，相反，它也可以帮助人们遗忘负面记忆。所以倘若你想要遗忘某些事物，不妨做做运动转换心情，抑或是心无旁骛地沉浸于游戏之中。专心致志地投身于某件事情，这一做法既有助于促进多巴胺的分泌，也使得大脑无暇"复述"，最终便能加快负面记忆的遗忘进程。

潜意识里沉睡着看似遗忘的记忆

我们在前文中已经了解了大脑的主动性遗忘机制。大脑或是在清除突触，或是清除神经元并致其死亡，这些行为都相当过激。但在此还请读者朋友们千万不要误会，"记忆"

并不与"神经元""突触""蛋白质"一一对应。

归根结底，记忆是由某一神经回路的电信号顺畅无阻地流动而形成。纵使某一个蛋白质遭受破坏，也仅会略微阻碍电信号的流动，绝不意味着某个记忆被完全清除了。

例如，我们在电视上看到某位演员时，原本印象深刻，可现在却怎么也回想不起他的名字。过了一段时间后，名字却会突然间浮现在脑海里。由此我们也可以看出，这仅仅只是暂时性遗忘，记忆并未被完全消除。我们的记忆总量十分庞大，只不过一时之间难以找寻罢了。

过往，我曾在某个聚会上与参会友人相互寒暄，然而一时之间我竟叫不出他们的名字，并感到无所适从。自不待言，我为此而痛心疾首，深怀愧疚之意。

若从记忆的运作机制出发考量，上述事项自然也合乎情理。即使我们获取了记忆，也并不意味着大脑中留存有与记忆相关且完全独立的神经回路和细胞，因此一时之间难以想起也不足为奇。归根结底，我们在记忆某件事物时，只不过是在庞大的神经元网络之中，稍微增强了一些与记忆相关的神经回路中神经元的突触强度罢了。之所以一时之间难以想起，或许是因为刺激到了另外一条与该记忆相关的神经回路，又或是因为与该记忆相关的蛋白质的数量略微有些减少。

之所以叫不出名字，那也只是因为彼此之间每隔半年才闲聊两句。在无法见面时，由于各式各样的原因，导致突触强度减弱、一时之间难以想起，这也是在情理之中。那么，"暂时性遗忘"也可以理解为：神经元的突触强度减弱，原本印象深刻的记忆逐渐变得朦朦胧胧而又模糊不清，在庞大的记忆仓库里难以找寻到它的身影。

倘若回想此类模糊不清的记忆，则会充分地调动大脑的神经网络、搜寻与此相关的记忆并将结果相互拼凑，最终勉强描摹出大致轮廓。

想必大家也常会遇见"话到嘴边却说不出口"的情况吧。由于各种各样的原因，我们无法想起那些模糊不清的记忆。最常见的原因是记忆干扰现象，即大脑激活了不同记忆的神经回路，致使某个记忆难以想起。之所以会发生记忆干扰现象，是因为神经元与记忆之间并非一一对应，多个记忆有可能共享一个神经元。

除此之外，还有可能因为"提取诱发遗忘"（retrieval-induced forgetting）而难以想起，即"大脑回想起了其他相似的记忆，反而阻碍了目标记忆的回忆进程"。如果再说得通俗一些，即"某一记忆与目标记忆极其类似，如果回想起了它，就再难想起目标记忆"。在考试或是智力竞赛中，我们常会遇见这种情况：题目的正确答案是某个人名，而应参加考试的考生或参赛选手却回想起了似是而非的人名，直至考试或竞赛结束也没有回想起正确答案。

还有可能出现下述情况：马上就要想起来了，却又受到了其他刺激，一时之间又难以想起，这种情况与多巴胺息息相关。

多巴胺能神经元（dopaminergic neuron）具备分泌多巴胺的功能，它在海马体内延伸出了大量的神经纤维。这一方面既有利于形成新记忆，另一方面则不利于回忆旧记忆。

因上述原因而造成的暂时性遗忘，因其涉及的神经回路的结构并未发生变化，因此过一段时间后大脑受到了其他的刺激，就能回想起来。即使出现暂时性遗忘，大多数情况也都相安无事。但还请读者朋友们千万小心：如果有人关照过自己，我们却不能立即说出对方的名字，则有失敬意。特别是对于某一些人，如果忘记了他的名字，便会使其心生厌恶之意。与其如此，倒不如时常回想一下，激活神经回路，以备不时之需。

除此之外，我们虽将它们统称为"模糊不清的记忆"，但记忆的留存程度也是不一而足。如果只是暂时性遗忘，只需稍加提示即可，但有些记忆则无从想起。那些无论如何也想不起来的记忆，是被大脑完全清除了吗？

实际上，大脑中存在着部分记忆，它们虽然完全想不起来，却沉睡于潜意识之中，在我们毫无察觉的情况下影响着个人行为。诸如此类的记忆数不胜数，上文提及的"语义记忆""情绪记忆""程序记忆"也都包括在内。它们在我们毫无察觉的情况下，极大程度地影响着个人行为。

遗忘的绝大部分记忆属于"情节记忆",关于这一点,我们也都能有所觉察。但即便是"情节记忆",也有很多埋藏于潜意识之中。

你是否有过这样的经历呢?考前背诵课本知识点,临到考场却头脑空空,最终分数惨淡。但尽管如此,补考前一天粗略地扫了几眼课本,考场上却能洋洋洒洒挥毫落纸,最终收获理想的成绩。

即便无法想起,也有可能记忆的神经回路已相当完善。仅有一步之遥,它就会浮现在脑海里。记忆并非处于全有和全无的两个极端。

即便某些记忆并未清晰地浮现出来,也有可能沉睡在大脑深处。沉睡于潜意识中的记忆片段,塑造了个人的判断能力。即使某些记忆暂时无法想起,也是功不可没,绝不会白白浪费。如果你在心中暗想:"学习再努力,知识也都会遗忘,真是徒劳无益",那么还是打消这一念头。那么请挑战全新的事物,并且不断地遗忘它们吧!

第三章 难以忘怀的记忆

神经回路中的
记忆难以忘怀

至此,我们已经详细了解遗忘的内在机理。想必大多数人熟知"主动性遗忘"这一事实,都会大吃一惊。大脑竟会为了获取新记忆,积极主动地清除旧记忆。

但部分令人生厌的记忆实在令人难以忘怀,它们会阻碍个体的所有行为,任何情况下都会使人心烦意乱。实际上对于大多数人而言,与遗忘相比,"想要遗忘却难以忘怀"的记忆更为棘手。

除此之外,走路方式、自行车的骑行方式等肢体动作与个人主观好恶,也都属于终生难忘的记忆。

上述这些"难以忘怀的记忆"都有哪些特征呢?本章中,我们将从脑科学的视角出发加以审视。

尚未定型的记忆处于非稳定形态,常为大脑所遗忘。而记忆一旦进入了神经回路,则处于稳定状态,难以忘怀。

遗传因素和幼年(8~10岁)环境决定了

神经回路大致的形态。髓鞘具备稳固神经回路的作用，在大脑深部、脑干[1]（brain stem）、间脑[2]（diencephalon）、海马体、边缘系统中的杏仁核等部位，髓鞘于 3 岁前已形成。即便是发育最晚的额叶[3]（frontal lobe），髓鞘也于 8~10 岁之前形成。

非陈述记忆中的绝大部分储存于大脑深部，通常在 3 岁前便已进入神经回路之中，此后再无任何变化。

个体的立身处世离不开神经回路中的记忆，不论你喜好与否，它都会与你终身相伴而行。其中尤其是情绪层面的个人倾向，诸如恐惧情绪、喜悦情绪等，可谓终身不变。

---

1. 位于间脑和脊髓之间的神经结构。自上而下由中脑、脑桥和延髓三部分组成。脑干内有许多重要神经中枢，如心血管运动中枢、呼吸中枢、吞咽中枢，以及视、听和平衡等反射中枢。
2. 前脑在纵向上分别形成两个区域。连接中脑的部分，发育为成体的丘脑上部、丘脑、丘脑后部、丘脑下部等。
3. 大脑外侧沟上方、中央沟以前的部分。主要与运动功能、精神活动及嗅觉等有关。

既然无法改变,那么纵使这一气质并非自身所愿,也当乐观处之,认定它最有益于自身发展,如此做法更为适宜。其原因在于,与生俱来的气质是你的父母双亲拼尽全力赠予你的礼物,也可以是实现人类多样性发展的基石。

纵使大脑深部的神经回路已经相当稳固,"自我意识""行为动机""自我抑制""共情能力"等功能也会随着时间的不断推移而日趋成熟。人类的额叶承担着上述功能,极其发达。额叶的成熟需要耗费时日,上述功能在 10 岁之前会持续成长。

倘若超过 10 岁,上述的额叶功能就已进入神经回路中,将会终生难忘。功能的差异产生出了每个人独有的性格,造就了个体行为和擅长事物程度的差异。诸如在职场中,某人善于管控情绪,常常受到"温厚可靠"的赞誉,但此时他也更容易积攒压力。情绪管控混乱的人易与同事发生冲突,但有时也更能发挥领导才能,团结同伴,突破危机。

上述所提到的关于个性差异,对于人类

发展的多样性至关重要。如果外界环境的不断变化，大家做出的反应却都如出一辙，那么人类的前途则将一片黯淡。

最晚到 10 岁左右，人类大脑的神经回路已经形成，在此之前获取的记忆极其稳固，这与之后因突触而产生出的记忆有着天壤之别。即使人类再健忘，也会始终牢记那些"代表个人身份的记忆"，即进入神经回路中的记忆，诸如姓名、出生地、父母的性格等。除了爱好和价值观之外，个人性格也不会发生任何变化，诸如"因为什么事而感到喜悦""面对压力的个体反应"等。

为什么而喜悦、为什么而愤怒，这些都是改变人情绪状态的重要因素。也正因为如此，10 岁之前的个人经历和主观想法至关重要。

趁着小朋友还没长大，快点让他感受到人生是多么的快乐，让他明白"大家都在为自己而感到高兴"。这段记忆足以留存终身，成为生命中最为丰厚的财富。

引发情绪起伏变化的
意外事件难以忘怀

在前文中,我们已经对情节记忆详加说明,它们是由突触可塑性而产生出的记忆,也是绝大部分易于遗忘的记忆。大脑在突触之上合成出各种各样的蛋白质,并通过调节突触强度产生出此类记忆。除此之外,大脑也会反其道而行,通过积极主动地破坏作为记忆基础的蛋白质,以此加快遗忘进程。

大部分突触中的记忆都从产生之初就走向消亡,其中只有部分记忆难以忘怀,那些记忆引发了情绪的起伏变化。

记忆首先由海马体中的新生神经元形成,之后转移至大脑皮层中加以储存。杏仁核与海马体相邻,负责产生个人情绪。为什么二者之间的位置竟会如此相近呢?

其原因在于,突触中的记忆易于遗忘,引发情绪起伏变化的意外事件理应最先留存。倘若某件事情令人毛骨悚然,那么下次务必绕道而行,否则就会威胁到个体生存;假如某件事情令人喜形于色,我们就会想要反复体会这份喜悦。

倘若遗忘了外界环境带来的极大危险、抑或是丰厚奖赏，谁也无法心平气和而又衣食无忧地生活下去。除此之外，对于个体生存至关重要的记忆也难以忘怀，诸如那些"守护着自己的人"。为了将这些至关重要的记忆铭记于心，海马体与杏仁核相邻共处，通过营造出庞大的神经网络，牢牢记住那些"引发情绪起伏变化的意外事件"。

诸如此类的事情数不胜数，其中既包括引发负面情绪起伏变化的事情，如"为他人冒犯的言语而义愤填膺""上级领导没完没了地一再斥责，为此心中闷闷不乐"；也包括引发正面情绪起伏变化的事情，如"因同事的感谢而满心欢喜"。尤其是在人际交往方面，想必有不少人因为那些带有负面情绪的记忆始终萦绕在心头，为此郁郁寡欢吧。

或许你会认为：这些事情均与个体生存毫无关系，它们为什么难以忘怀呢？然而事实却非如此。人类既然是社会性动物，那么认清自己在社会上的地位，就与个体生存直接相关。一旦遭受社会上的排挤，不只人类，很多动物都无法生存。因此再怎么耿耿于怀，或是难以忘怀，都在情理之中。那么，我们应当如何与这些"令人生厌的记忆"和睦共处呢？

如何遗忘令人生厌的记忆

杏仁核产生出的恐惧与愤怒等情绪，使脑干分泌出了一种名为"去甲肾上腺素"[1]（noradrenaline）的神经递质。脑科学界已经证实，产生出去甲肾上腺素的神经元，其实也在向海马体输送大量神经纤维。"神经发生"产生出记忆所需的神经元，这一刺激将会使得它更为活跃。

如此一来，引发情绪起伏变化的记忆就会铭记在心。它们虽对个体生存至关重要，但也会转化为压力和不安感，对我们的身体造成负面影响。

在我们人类的大脑中，倘若不安感过于

---

[1] 由多巴胺经 β-羟化生成的儿茶酚胺类神经递质。来源于肾上腺髓质、交感节后神经元和脑内肾上腺素能神经元。参与心血管活动、情绪等的调节。

强烈、压力过于沉重，易于引发心理疾病，"抑郁症"[1]（depression）可谓是此类疾病的典型代表。如果怀有抑郁情绪，大脑就会陷入"反刍思维"（反刍式思考）之中，同一件烦心事和负面想法将会始终萦绕在脑海里。

除此之外，也存在另外一部分记忆，它们既极大程度地触动了个体情绪的起伏变化，又对未来的发展毫无益处，诸如：亲眼看见了令人震惊的场面、遭受到严重的诽谤和中伤、在至关重要的比赛中犯下大错等。它们的别名叫作"创伤"[2]（trauma）。

即使尚未达到如此严重的程度，但与周围人的细微分歧、因他人无礼的态度而产生不适感之类也会转化为压力，反复累积下来也将引发抑郁症。

诸如此类的否定性想法和不安感始终萦

---

[1] 以情绪显著而持久的低落为基本临床表现，并伴有相应的思维和行为异常的一种精神障碍。有反复发作倾向，患者情绪低落，自卑忧郁，甚至悲观厌世，可有自杀企图和行为。
[2] 由生理性的身体伤害、强烈的情绪或刺激对个体心理功能活动所造成的影响。

难以忘怀的记忆

绕在脑海里，时常刺激着记忆的神经回路，因此"遗忘机制"便无法发挥作用。不言而喻，这种不安感愈加强烈，情绪就会愈加低落。所谓的不安感和压力也可以理解为一种长期情绪，不安感反复刺激负面记忆，从而拓展了记忆的深度。

那么，我们应该怎样做才能遗忘那些令人生厌的记忆、减轻不安感呢？

答案或许令人感到意外，但首先要做的并非是远离不安感，而是要实实在在地让情绪低落下来。请从正面接受现实，偶尔也需要承认一下自己的能力欠佳吧。

为了缓和不安感，我们需要暂时沉溺其中，并且让情绪充分地低落下去。这看似是一种悖论，但其中的原理究竟在哪里？

情绪低落之时，我们对于任何事情都提不起干劲，只会一个人默默发呆。在这段时间里，负面记忆将会逐渐遗忘。

大脑有两大思维模式，即"专注思维"和"发散思维"。上面提到的与"发散思维"息息相关。

我们心怀某一目的性或在面对某一课题

时，专心致志地投身于某一事物中，此时大脑内的神经网络受到激活，这称之为"专注思维"。与此相对，专注于某一事物时，遭受抑制的是"发散思维"。发散思维以过往的记忆作为基础，大脑正常运转时受到激活，它的显著特点是运转时无法接收新信息。情绪低落时，将会充分激活发散思维。

上述做法减少了新生神经元的数量，使得我们易于忘却与现实相关的负面记忆。在此需要注意的是，接受"低落的情绪"有助于加快遗忘进程，但详细回忆"负面事情本身"则适得其反。其原因在于，在复述行为的作用之下，记忆将会转移至大脑皮层中，易于留存为长期记忆。

此后，我们应当积极主动地清除记忆。

卓有成效的做法是，贪婪地吸收新知识、尝试新体验。经历新事物之际，大脑将会分泌出大量的多巴胺，这不仅能产生喜悦感，同时也可以促进海马体内新生神经元数量的增加。如此一来，既能加快全新体验的记忆保留进程，反之也可清除过往那些令人生厌的记忆。

为了遗忘这些记忆，便是对于新事物保持好奇心，兴致勃勃地去接受挑战。

然而，所谓的"挑战"也未必都是一些离经叛道的行为。日常生活范围内的事情都已足够，诸如"探访新餐厅""前往书店购买一本新书"等。诸如此类的兴奋感易于留存在记忆之中，从而减少负面记忆和令人生厌的记忆，形成良性的正向循环。

令人喜悦的记忆

前文中已经说明，引发情绪起伏变化的记忆难以忘怀，喜悦感与恐惧感、不安感相互对立，它是如何留存于大脑之中的呢？关键之处在于"奖赏效应"（reward effect）。如图9所示，伏隔核[1]（nucleus accumbens）这一部位聚集了大量的神经元，它位于前额叶皮质（prefrontal cortex）附近。在某一行为的作

---

1 位于基底核与边缘系统交接处、尾核头下方的神经核团。在人体不发达，与嗅结节组成腹侧纹状体，是大脑的愉悦中枢，参与奖赏、食物、运动等反应。

用之下，多巴胺能神经元释放出多巴胺。当多巴胺抵达伏隔核时，伏隔核产生出快感，从而使得个体持续该行为。

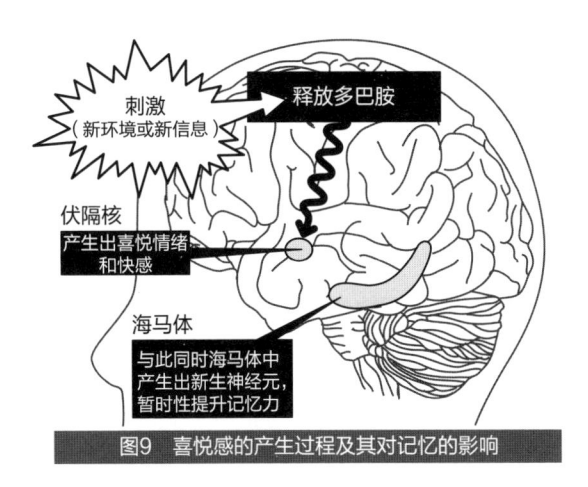

刺激（新环境或新信息）

释放多巴胺

伏隔核 产生出喜悦情绪和快感

海马体 与此同时海马体中产生出新生神经元，暂时性提升记忆力

图9 喜悦感的产生过程及其对记忆的影响

某项科学实验揭示了上述原理，实验人员在小白鼠的大脑深部植入电极并予以刺激。具体来讲，实验人员将电极植入小白鼠脑干中多巴胺能神经元聚集的部位，当小白鼠按压杠杆后，电流就会流经大脑。伏隔核位处于前额叶皮质周围，如果电流刺激到了该区域的神经通路（neural pathway）[1]，小白鼠将持

---

1 传导神经冲动的径路，是多突触的信息链。

续按压杠杆。

除此之外,另一项研究也已证实,行为与快感密切相关,快感是行为的原动力。

伏隔核位于前脑[1](forebrain)之中,它与快感和奖赏息息相关,通常在个体有所需求之时受到激活。当需求得以满足,大脑就会释放出多巴胺,伏隔核获取信号后产生出快感。换言之,伏隔核周围的区域活跃之时,才产生出快感与喜悦情绪。

在多巴胺的作用之下,人们对一些事物有所需求。当需求得以满足时,就会感到喜悦。实际上,多巴胺能神经元也在海马体中延伸出了丰富的神经纤维。研究发现,这一刺激将会使得海马体内的新生神经元数量增加。

换句话说,令人喜悦的经历也易于留存为记忆。除此之外,能够产生快感的事、需求得以满足的经历都会牢固地留存于记忆之中,大脑还会反复地加以回味。

---

[1] 脑部神经管分化的前面部分,后发育成端脑和间脑。

喜悦情绪易于留存为新记忆，新生神经元也会引发主动性遗忘，清除那些暂存于海马体内较少使用而又模糊不清的短期记忆。遗忘可有可无的旧记忆与获取新记忆可以说是硬币的正反面，两者之间互为表里。体验那些令人喜悦的事物，也有助于未来更好地生活。

其中的关键之处在于"新"。当我们接触到新环境或是新信息时，大脑分泌出多巴胺，当多巴胺抵达伏隔核时，就会转化为快感并留存于记忆之中。为什么我们在接触新事物时会感到喜悦呢？其原因在于，生物为了生存和繁衍生息，寻求全新的环境。在自然环境中，食物时常出现短缺现象，倘若不在新环境中寻找出路，则会陷入生存困难的境地。更有甚者，物种也难以繁衍生息。即便身处食物丰富、信息海量的现代社会中，这一基本性质也不会发生任何变化。

我们既然已经知道人类接触到新环境或是新信息时，会产生出多巴胺，那么由此带来快感的伏隔核又会作何反应呢？反应程度自然因人而异，即便经历同样的事件，人们也绝不会毫无差别地感受到同等程度的"有趣""快乐""高兴"。可以说一部分人认为所有的新鲜体验都饶有趣味,另一部分人则感觉索然无味,想必他们在各自的人生中体会到的喜悦量也大不相同吧。

之所以会产生出如此巨大的差异,是因为每个人大脑中的多巴胺能神经元与其受体数量各不相同,已经形成的、牢固的神经回路数量也不一而足,由此导致了千人千面的喜悦感。情绪记忆已于3岁之前进入了神经回路中,这在极大程度上决定了每个人对于喜悦的感受程度。"三岁看大"这一谚语颇具象征意义。至少在情绪层面,丰富多彩的儿童时光至关重要。

相较于令人生厌的记忆,
老年人更易于留存令人喜悦的记忆

前文中我们已经说明,令人怒不可遏、忐忑不安的意外事件与令人喜悦的意外事件,它们都易于留下深刻印象。两者虽同属于情绪记忆,但带来的情绪感受却截然相反。对于人类而言，到底哪一方才更能留下深刻的印象呢？这不由得使人好奇。

喜悦的神经回路与情绪记忆的个体差异极大程度上影响着问题的答案。关于这些内容，前文中也已有所提及。除此之外，一方面遗传因素固然会造成一定影响，但因幼年经历的不同而衍生出的个体差异，也在极大程度上决定着最终的答案。

另一方面，倘若依照不同年龄阶段加以区分和比较，结果却颇为有趣。年轻人易于留存下令人生厌的记忆，而老年人则易于留存下令人喜悦的记忆。

在脑科学领域，这被称为"积极效应"[1]（positivity effect）。

在日常出诊过程中，我也有切身体会。例如，我在诊断常见的头疼病时，会让患者做颅脑磁共振成像等精密检查项目，并就结果向患者解释说明。此时，我们能看出一种颇为有趣的倾向。如果我解释："大脑没有异常，非常健康"，青年患者往往会面露不安

---

[1] 也称"正面效应"。

地询问道:"那么,我头疼的病因究竟是什么呢?"反之,很多高龄患者则毫不掩饰内心的喜悦,兴高采烈地说道:"那就好,那就好!"我并非是在说每个人都会做出如此反应,个体之间也存在着极大的差异性,但这一倾向已然相当明确。

年轻时认为自己未来的时日尚多,这个阶段的首要任务是探查周边所处的环境、学习立身处世的技能,因此掌握新技术、获取新知识以规避危险、维持生命、克服困难,这件事至关重要。毫无疑问,若能尽快察觉到危险的负面迹象并加以处理,更有可能生存下去。

而老年人则无须考虑遥远的未来,多数情况只需在短时间内获悉答案便万事大吉。人们通常关注负面信息和危险迹象以规避危机出现,但老年人却较少关注这些内容。

产生变化一个主要原因是,大脑正年复一年逐渐进化。正如第一章所讲的那样,随着年龄的不断增长,老年人的人生经历逐渐丰富,可以灵活应对各种负面信息。老年人对于负面信息关注度的下降与其应对方式密切相关。

或许也会有人为此而心怀忧虑：老年人对于负面信息的关注度下降，只是一味地获取正面信息，这是否会增加生存的危险呢？然而，老年人若以短时间内获悉答案作为目标，则会在下意识间关注与该目标相关的负面信息，以此规避危险，因此无须介意。

随着年龄的不断增长，老年人的大脑虽然难以回忆起一些情节记忆，但大多数的语义记忆都会在下意识间不断累积，并且帮助他们做出合适的判断。不论是小孩子还是耄耋老人，他们的大脑都在不断进步，这一说法并不为过。

记忆映衬出当下的自己

身处在当下的自己才会回忆过往，这一事实至关重要。人们大概有这样一种倾向：心情愉悦时易于回忆起快乐的过往，而情绪低落时则易于回忆起悲伤的往昔。除此之外，抑郁症患者则往往会回想起苦涩的岁月。每个人的心境各有差异，回忆的倾向也不一而足。

除此之外,情绪不仅影响着"回忆的倾向",还影响"记忆的留存程度"。众所周知,人在平静时,令人快乐的回忆往往印象深刻;闷闷不乐时,令人痛苦的回忆则更容易铭记于心。

所以,管理当下自身的情绪对于掌控记忆一事卓有成效,而其中的关键在于,是否拥有面向于未来发展的意识。倘若某人拥有这一意识,即使坏事频发,也必须从中获取有益于未来发展的教训。即使某人认定自己"现已身处谷底",也会有意识地从坏事之中汲取经验,把它当作有益于未来发展的学习机会,如此一来,心境也会发生翻天覆地的变化。

对于相同的负面事件,是采取完全否定的态度,又或是从正面略加肯定,根据这一做法的不同,彼此间记忆的留存方式也大相径庭。

除此之外,引发情绪起伏变化的记忆虽然难以忘怀,但它就如同龙卷风一般,来临时如疾风骤雨般席卷而至,却在顷刻间就悄然离去。瞬息万变的情绪往往出乎众人的意料。并且,大脑内的杏仁核为了规避危险,往往会做出过度反应。因此,最为适宜的做法是切勿完全信赖情绪。将情绪先行置之不理,再从正面对这件事加以肯定。也请重新梳理一下令人悔恨的过往经历,从中汲取一些智慧与教训,为未来的自己赋予积极的意义。

如上所述,灵活的记忆千变万化。我们往往给予大脑某种刺激,使得意外事件留存为记忆。正因为如此,我们更应当面向未来发展,给予大脑某种刺激以赋予事件全新的意义,这一点至关重要。

其实,事物的真相并非存在记忆里。此时此刻,当下的自己在某种心情下回顾过往,更能发现事物的真相。如今的自己悔恨过往,但记忆也逐渐将自然而然地成为过去。包括令人生厌的任何记忆,都会随着时间的不断流逝而逐渐淡化。至少它们的周围已笼罩上了一层面纱,再也不会刺痛人心。

其原因究竟何在?那些与记忆相关的蛋白质命中注定会自然地遭受破坏。反之,记忆随着时间的不断流逝而逐渐印象深刻,大脑则会长期受到负面刺激,不论是谁都无法积极乐观地生活下去。

尤其是情节记忆,它们并非一成不变,而是时常处于"流动"的状态里。这样说起来想必更加易于理解。与此同理,人们过去常说:"时间是痛苦的最佳解药。"一味地想要遗忘却适得其反,反而会频繁地刺激到那些与负面记忆相关的神经回路。

最重要的是,请勿尝试遗忘那些负面记忆,而应当原封不动地接受它们,面向未来并赋予它们积极的意义,此后再将它们置于一旁。如此一来,神经回路再也不会受到刺激,维持记忆所必需的蛋白质也将逐渐遭受破坏。

第四章 大脑与身体协同运转时——大脑的两种思维模式

前文中已经介绍了记忆储存于大脑皮层之中。但这又衍生出了其他一系列问题，诸如：大脑是如何管理记忆的呢？大脑能够立即提取出想要的信息吗？除此之外，大脑在储存记忆之时，是否也会一并储存下记忆之间的联系呢？迄今为止，关于大脑尚有许多未解之谜，对于上述问题，目前难以给出一个完美的答案。

如果留心关注大脑的"专注思维"与"发散思维"这两大思维模式，或许对上述问题有一些启发。关于这一点，上一章中已略微有所提及。

在脑科学界，有一种分析大脑功能的方法，名为"功能磁共振成像"[1]（functional magnetic resonance imaging）。使用这种方法，研究人员能够了解人体活动时所使用到的大脑部位，其中包括移动手脚、说出物体的名称等。如图10所示，从分析结果中也可看出，

---

[1] 一种检测、分析细胞和分子水平代谢、生理功能状态的磁共振成像方法。包括血氧水平依赖的脑功能成像、扩散成像、灌注成像和磁共振波谱分析等。其具有时间和空间分辨率高的特点。

思维大致可分为"专注思维"与"发散思维"两大模式。根据大脑运转方式的不同，其中一种思维模式在发挥作用。

斑点区域为大脑的活跃区域

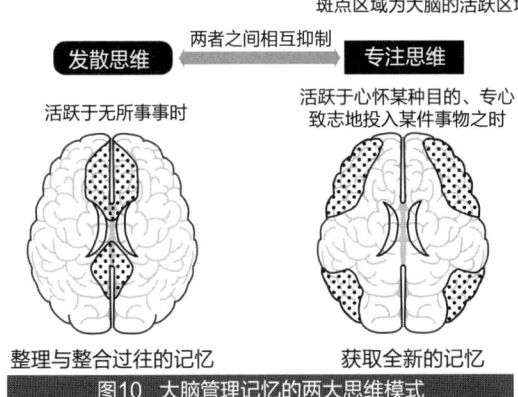

发散思维 ←两者之间相互抑制→ 专注思维

活跃于无所事事时　　活跃于心怀某种目的、专心致志地投入某件事物之时

整理与整合过往的记忆　　获取全新的记忆

图10　大脑管理记忆的两大思维模式

"专注思维"是两大思维模式之一。"中央执行网络"[1]（central executive network）位于

1　中央执行网络是与执行功能相关的高级认知网络，其在执行功能中起着关键作用，例如目标导向行为、冲动以及工作记忆信息等的维护和操纵，其核心组成脑区包括背外侧前额叶皮质和后顶叶皮质，执行功能受损一般与认知能力下降相关。

额叶与顶叶（parietal lobe）[1]外侧面的大脑皮层中，而当人们想要做些什么时，并且为此而有意识地采取行动，"专注思维"掌管的区域必定受到激活。

除此之外，大脑还拥有另外一种思维模式，即"发散思维"。它掌管的区域面积最大，拥有的神经网络数量远超过"专注思维"。"专注思维"活跃时"发散思维"遭受抑制，即人们心怀某种目的而展开行动时后者遭受抑制。"发散思维"常活跃于人们无所事事、独自发呆之时。日语中的"发散思维"（分散系）一词由作者自创，取自"专注"的对立面——"发散"的意思。

人们专注于某一课题时，往往"发散思维"遭受抑制。"专注思维"与"发散思维"两者之间相互抑制。倘若"专注思维"活跃，"发散思维"就会遭受抑制；而"发散思维"活跃，"专注思维"就会遭受抑制，它们相互作用。

---

[1] 大脑外侧裂上方、中央沟与顶枕裂之间的部分。包括中央后回、顶上小叶、顶下小叶和旁中央小叶。主要与感觉功能有关。

"发散思维"唯独只在发呆放空时发挥作用。如果你认为"发散思维"也不过如此，那可就大错特错了。"发散思维"有别于"专注思维"，"专注思维"只是在人们面对特定的课题时动用到了大脑的部分区域，而"发散思维"却能平均地激活大脑的绝大部分区域。

对于大脑而言，"发散思维"在下意识间发挥着至关重要的作用，这一点也可以从大脑消耗的总能量上加以确认。纵使个体处于发呆放空状态，大脑消耗的能量也会上升至全身总量的20%左右。即便个体心怀某种目的而展开行动，其上升率也仅止步于5%。所以即使个体处于发呆放空状态，"发散思维"受到激活后，大脑也在消耗着庞大的能量。

近年来，人们逐渐发现"发散思维"正在不断地整理和整合记忆。由于记忆储存于面积广泛的大脑之中，因此，若需要适当地管理记忆，大规模性地覆盖"面积广泛的大脑"的神经网络就必不可少。也就是说是"发散思维"在负责管理大脑中的记忆。

除此之外，"发散思维"在无所事事之际

受到激活，它在此期间适当地调整着不同记忆之间的联系，并且发挥着整合过往记忆、保持记忆一致性的作用。若将"发散思维"理解为某一个工作部门，它的主要职责是编纂与自身记忆相关的历史，这种说法或许更加容易理解。

除此之外，还有一个重大发现："发散思维"主要是在夜间睡眠时段整理和整合记忆。大脑处于清醒状态，神经元正在活跃地接收外界信息，此时根本无法整理记忆。所以，"发散思维"几乎都是在无意识间发挥作用的。

"发散思维"整合大脑

记忆之所以能够稳定留存，这与"发散思维"发挥的作用密不可分。作者在此想要告知读者朋友们，想要管理好记忆，"大脑整体的运转方式"至关重要。令人惊讶的是，大脑需要身体的配合，以使大脑整体有条不紊地正常运转。

在本章中，我们将一起了解大脑内部

各区域间的有机连接、大脑与身体间的协同运转，这有助于我们了解大脑正常的运转机制。

大脑中存在着大规模的神经网络，它们用于连接面积广泛的大脑皮层的各个区域。大脑的思维模式可细分为"专注思维"与"发散思维"。这些内容在前文中已详细阐明。

负责"发散思维"的核心区域是名为"默认模式网络"[1]（default mode network）的神经网络，若用专业术语予以表述，它是由内侧前额叶皮质、后扣带回皮质[2]（posterior cingulate cortex）、楔前叶[3]（precuneus）、顶下

---

1 人脑静息状态下存在的功能连接网络。能自动连续地从外部环境搜集、加工和储存信息。可能与情节记忆、语义提取和情绪处理等功能密切相关。
2 扣带回表面的灰质。可分为前、后两部。前部主要接受来自板内核群、中线核群和杏仁基底外侧核群的传入，后部主要接受来自丘脑前核和背外侧核及额、顶、颞新皮质和下托的传入。
3 位于大脑半球内侧面楔叶与旁中央小叶之间，顶下沟上方，扣带沟后方，顶枕沟前方。属顶叶的内侧部。参与完成脑的高级功能。

小叶[1]（Inferior parietal lobule）等部位构成的大脑区域。"专注思维"较为细致地依照各部位功能的不同，将大脑区域连接起来。与此相较，"发散思维"则更像是一条流动于大脑中心区域的长河。

在"发散思维"的神经网络——"默认网络"的英文名中，含有"default"这一词汇，表达"不履行、不实行"（non-performance）的意思。因此，单从名称上看，它可以理解为一种"没有任何作用的神经网络"，属实不大光彩。但除此之外，也包含有"一如往昔"的含义。除了"专心致志地投入某件事物中，并激活特定的大脑区域"这一情况之外，"发散思维"始终都在发挥作用。若说"默认网络"是大脑功能中"神经网络的鼻祖"，这也并不为过。

记忆储存于大脑皮层中的不同部位，为了更好地选取记忆的保存地点并自如地取用记忆，一定要配备一个庞大的神经网络。倘若相同的记忆分别处于"天南海北"，使用时

---

[1] 中央后回后方，顶内沟以下的区域。包括缘上回和角回。

自然会产生不便，也有可能出现记忆混乱的现象。相反地，倘若有所需要却并不知道这些记忆所在何处，也会令人烦恼不已。

脑科学界虽然尚未完全揭开"默认网络"的面纱，但就目前所知而论，"默认网络"主要是将记忆储存于合适的地点，并且帮助大脑高效地回想起记忆。

如此一来，大脑通过"发散思维"整理和整合过往的记忆，在自我分析、保持精神活动的内在一致性等方面实现了自我确立。与此同时，"发散思维"将过往的记忆有条不紊地整理妥当，大脑就可以据此预料前方的漫漫长路、畅想未来的规划发展。"发散思维"正是记忆的中枢之所在，它是支撑人类深层次行为所不可或缺的思维模式。

大多数记忆都
隐藏在潜意识里

以"默认网络"为核心的"发散思维"发挥着记忆的整理与整合作用，但"发散思维"的管理却并不齐整，它不像我们依照字母或日期排序一般井井有条。我们也能切身地体会到这一点，例如：回想起的记忆因当天的情绪与身体状况而各不相同，也有可能因一时的心血来潮而回想起来。

在此，不妨以作者的实际经验为例。当我在思考会议上要陈述的内容时，又或是需要从论文中凝练出一篇言简意赅的短文时，如果心里完全没有思路，再怎么苦思冥想也无济于事。在此之后假如暂时放弃，反倒会在骑车或是洗澡时突然间灵光一闪，奇思妙想便如潮涌至。这时我极力地想要抓住这一想法，于是立刻飞奔回家，又或是赤身裸体冲出浴室，奋笔疾书。

记忆保存于面积广泛的大脑皮层中，其中的大多数都隐藏在潜意识里。

与此同理，有时不经意间看到的风景、聊天时不经意间说出的一句话，书中读到过模模糊糊的内容之类的也是如此。即使在平日里，我们对它们的印象模糊不清，但有时这些记忆也会在突然之间与其他事物产生联系，并且清晰地为我们所感知到。"发散思维"足以将大多数模糊不清的记忆相互连接，并以出乎意料的方式呈现在脑海里。并且，在"发散思维"的作用之下，记忆即使未能转换为语言加以描述，也会在无意识间影响着我们的判断。

然而，考虑新事物时，并非只要依赖"发散思维"便万事大吉。为了那一刻的灵光乍现，事先动用"专注思维"、预留下深度思考的时间，这也不可或缺。"专注思维"与"发散思维"时常相互抑制，其原因在于，为了保持两者之间的紧密协作，松弛有度至关重要。思考事物之前，预先动用"专注思维"并着眼于手头的工作，此后才能动用"发散思维"，考虑出种种奇思妙想。"专注思维"的前期准备工作至关重要。

在此基础之上，如果遇到困难无法前行，不妨暂且退让一步，尝试一下其他的活动。有时玩玩游戏也能有所收获，或是运动、散步、外出旅行，这些行为都非常有效。总之，重要的是从中抽身而出，其原因在于，在全神贯注的思考时，某项特定的神经回路重点发挥作用，除此之外的神经回路则遭受抑制，说不定其中隐藏着一些关键提示。

思维陷入僵局之时必须先行放松，在心平气和般的状态下再尝试组合处理信息。顺便说一下，对作者而言，最为高效的放松方式是在会议中静听他人发表内容。身处昏暗的会场，无所事事地静心倾听，各种各样的奇思妙想不可思议地浮现于脑海中。想必"发散思维"此刻正非常活跃。近几年由于新冠疫情（Corona Virus Disease 2019，COVID-19）肆虐，线上召开的会议逐渐增多，我们参会以获取一些必要的信息。这一做法虽然节省时间，但是我却较少地从中收获全新的启发。

如果无法平衡好"紧张"与"松弛"、"专注"与"发散"这两者之间的关系，则难以充分发挥出大脑的潜力。

"神经递质"同时驱动大量的神经元

前文中已经说明，大规模的神经网络足以同时驱动大范围内的神经元。实际上，发挥着调节作用的"神经递质"还能同时驱动大量的神经元。去甲肾上腺素、多巴胺、血清素[1]这些名称，想必大家并不陌生。前文中我们已一再强调，接触新信息会分泌出大量的多巴胺，这将导致海马体内的突触发生变化，极大程度地影响着记忆的产生与消亡。实际上，这也是神经递质正常运转的结果。

灵活地运用这些化学物质，可以调节大脑的整体运转，从而控制记忆。

如图11所示，去甲肾上腺素、多巴胺、血清素这3种神经递质被称为单胺类神经递质[2]（monoamine neurotransmitter），产生出它们的

---

[1] 全称血清张力素，亦称5-羟色胺和血清胺。血清素是由中缝核合成的一种单胺类神经递质，投射到额叶和边缘系统中，在大脑发育过程中通过调节神经祖细胞的增殖、迁移、凋亡等过程来影响大脑的结构和功能，并外显性地影响个体社会认知和情绪加工，也可以促进不同情境下的社会交互行为，这使得血清素系统成了治疗焦虑症、抑郁症及孤独症谱系障碍的潜在靶目标之一。

[2] 单胺类神经递质是含有芳乙胺结构的神经递质和神经调质，所有单胺类都是从芳香族氨基酸（苯丙氨酸、酪氨酸、色氨酸）和甲状腺激素衍生而来，经芳香族L-氨基酸脱羧酶的作用而得。而在人体中是通过单胺氧化酶剪切掉这些氨基酸实现激活。

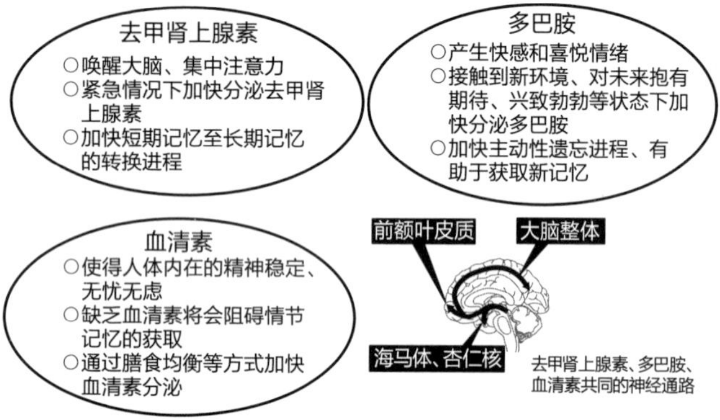

去甲肾上腺素
- 唤醒大脑、集中注意力
- 紧急情况下加快分泌去甲肾上腺素
- 加快短期记忆至长期记忆的转换进程

多巴胺
- 产生快感和喜悦情绪
- 接触到新环境、对未来抱有期待、兴致勃勃等状态下加快分泌多巴胺
- 加快主动性遗忘进程、有助于获取新记忆

血清素
- 使得人体内在的精神稳定、无忧无虑
- 缺乏血清素将会阻碍情节记忆的获取
- 通过膳食均衡等方式加快血清素分泌

前额叶皮质　大脑整体
海马体、杏仁核

去甲肾上腺素、多巴胺、血清素共同的神经通路

图11　3种神经递质

神经元广泛地作用于大脑皮层内的神经元之上，并调节其活跃度。产生出神经递质的神经元，特别广泛地分布于"前额叶皮质"这一额叶部位，影响着个体情绪的变化，其中包括意识水平的高低、是否拥有干劲等。

并且，这些化学物质不仅仅只是单纯地在脑中扩散，而是借助"星形胶质细胞"的大量的神经网络，更为迅速、更大范围地产生影响。去甲肾上腺素、多巴胺等神经递质既可以大范围地调节神经活动，也可以发挥出"星形胶质细胞"的作用。

下文中，让我们分别了解一下神经递质的调节作用。

去甲肾上腺素能够唤醒大脑

下丘脑（hypothalamus）[1]是大脑深部的区域，它主要负责接收由感觉器官[2]（sensory organ）传导而来的信息，并刺激脑干中的"蓝斑"[3]（locus ceruleus）部位，促进去甲肾上腺素的分泌。去甲肾上腺素是保持大脑清醒状态必不可少的物质，它向整个大脑皮层不断地发送某一特定信号，以此来保持大脑清醒。除此之外，去甲肾上腺素还能集中精神注意力，以关注外界环境的变化。

去甲肾上腺素的分泌与其发挥的作用因

---

1 位于丘脑腹侧的脑组织，被第三脑室分成左、右两半。其内侧面借下丘脑沟和丘脑分界，底面外露，自前向后为视交叉、灰结节、正中隆起、漏斗和乳头体，是调节内脏活动、内分泌功能和情绪行为等的中枢。
2 机体与外界环境发生联系，感知周围事物变化的器官。主要包括眼、耳、鼻、舌、皮肤等。
3 位于菱形窝最前端外侧、靠近大脑导水管的深陷部（第四脑室外侧壁上一小块地方），由20000个含有黑色素的去甲肾上腺素能神经元组成。新鲜脑呈暗蓝色，神经元分支众多，分布广泛，遍布大脑皮质、小脑和下丘脑。

人而异，通常自有其内在的生理性规律。除此之外，它也与人体的睡眠清醒周期息息相关。

清醒之际，去甲肾上腺素的分泌量往往固定，但有时遇到特殊情况，它也会在陡然间大量释放。但具体来讲，这又是什么样的特殊情况呢？

主要包括以下几种情况："面向未来发展，心怀明确的目的，专心致志地完成工作""积极主动地完成感兴趣的工作""对于新环境怀有好奇心"。当你面对某一项重要的课题时，不自觉间脱口而出："我的肾上腺素[1]（adrenaline）开始飙升！"想必这种情况也不在少数。肾上腺素与去甲肾上腺素是相近的化学物质，它们都在大脑认为急需时大量分泌，引导整个大脑都在"专注思维"的作用下运转不息。

---

1 由肾上腺髓质分泌的一种儿茶酚胺激素。有使心肌收缩力加强、兴奋性增高、传导加速、心排血量增多等作用。但对全身各部分血管的作用不同，对皮肤、黏膜和内脏（如肾脏）的血管呈现收缩作用，对冠状动脉和骨骼肌血管呈现扩张作用。还可松弛支气管平滑肌及解除支气管平滑肌痉挛，可以缓解心跳微弱、血压下降、呼吸困难等症状。

并且,去甲肾上腺素还可以激活前额叶皮质中的突触。在去甲肾上腺素的激活之下,前额叶皮质成为中心枢纽,能够有意识地控制个体自身行为与内心情绪,引导我们做出最具备人类特质的理性化行为,诸如:"分析多条信息并做出决断""控制自身的欲望""自发性地展开行动"等。

最重要的是,记忆的形成与去甲肾上腺素密不可分。脑科学研究发现,在接触到新环境并对其产生兴趣的情况下,去甲肾上腺素大量分泌,它会影响记忆形成必不可少的"突触可塑性"。去甲肾上腺素作用于大多数与记忆相关的神经元之上,既能提升,也能降低它们的信息传递效率。

特别是在海马体内,存在着大量产生去甲肾上腺素的神经元,去甲肾上腺素的分泌能够有效地加快短期记忆至长期记忆的转换过程。

某项小鼠实验可以证明这一点。实验人员将一只小鼠放置于空空荡荡的笼子里,而另一只放置小鼠的笼子里则附带有宠物游玩的转轮和模仿自然界动植物的小玩具。与前一只小鼠相比,后一只小鼠的记忆保留时间更长，因年龄增长或疾病而引发的记忆力下降这一反应也受到抑制。倘若人为地抑制去甲肾上腺素的作用，上述差异则荡然无存。

除此之外，在第一章中，我们也已说明了在短期记忆至长期记忆的转换过程中，海马体内的星形胶质细胞发挥着至关重要的作用。它也是在去甲肾上腺素的作用之下受到激活，从而对蛋白质的合成产生影响、形成长期记忆。

对于新事物兴致勃勃的好奇心与不达目的誓不罢休的主观意志促进了去甲肾上腺素的分泌，从而加快了记忆的保留进程。

在特殊情况下，针对外界环境的变化，我们必须立即采取合适的应对措施。此时此刻，去甲肾上腺素将会大量分泌，其原因在于，危险临近时将会产生出恐惧、愤怒等情绪。当此千钧一发之际，大脑将会猛然间释放出大量的去甲肾上腺素，以刺激"专注思维"。与此同时，主要活跃于休息状态下的"发散思维"则遭受抑制。

身处存在潜在敌人的自然世界里，为了维持个体生命、应对危险，必须留心在意外界环境。纵使是在现代社会，倘若你独自行走在黑暗的夜路里，突然间发现一个可疑的人逐渐向你步步逼近，抑或是身处在会议等重要场合，突然间被人点名，此时此刻，大脑的运转效率也会倍增。最终，你明明已经疲惫不堪却不由自主地拼尽全力向前奔跑，抑或是口若悬河般说出了迄今为止从未考虑过的意见。你是否曾有过上述经历呢？不论喜好与否，诸如此类的经历都会牢固地留存于记忆之中。

作为脑外科医生，我在手术时，必须要慎重处理去甲肾上腺素问题。对我们而言，最为危险的时刻无异于剥离大脑深部的肿瘤时脑部出血。

归根结底，手术将寻求医治的患者置于生死攸关的境地，倘若成功则平安无事，失败则万事俱休。因此，医生必须处于全神贯注的状态之中。毋庸置疑，为了避免不测，医生应当在手术时审慎为之，与此同时也需要有敏锐的直觉，能够随时依照过往的经验处理紧急情况。尽管如此，手术中或许也会发生上述突发性的危机事件。此时，大脑将会猛然间分泌出大量的去甲肾上腺素，使得个体能够发挥出更高水平的直观洞察能力。

更要留意的是，长期性地大量分泌去甲肾上腺素，将会对细胞产生毒性，导致神经元和神经胶质细胞的死亡。去甲肾上腺素可谓是人类智力活动中必不可少之物，但如果持续不断地大量分泌，则会伤害细胞，损伤大脑。

正因为去甲肾上腺素对于生物体而言至关重要，与此同时，它也会极大程度上影响着细胞，因此在特殊情况下，它也会产生出强大的负面效果。去甲肾上腺素真可谓是一把"双刃剑"，它能发挥出强大的正面效果，但与此相对，一旦失去平衡则会伤及自身。

若能静心凝思则可理解，不仅是去甲肾上腺素，在生物体内发挥作用的绝大多数物质，倘若供给过剩，都会对生物体造成损害。与此同理，食物的营养素过多也无益于未来成长，保持膳食均衡至关重要。

去甲肾上腺素既能激活"专注思维"，也直接抑制了"发散思维"。善用之则可为友，偏用之则会为敌，由此观之，保持"专注思维"与"发散思维"两者之间的平衡是何等重要,用脑时不应偏向于任何一方。

夜间睡眠时,去甲肾上腺素也将归于沉寂。因此,睡眠不仅仅只是在消除疲劳,更可以保护大脑。

多巴胺产生兴奋感

人们在兴致勃勃地从事新事物时,分泌出大量的多巴胺。不论外界环境是否令人愉悦,大脑为了应对它,都会分泌出大量的去甲肾上腺素,以提升活跃度。与之相似,人们对新事物和未来发展抱有期待之际心潮澎湃,大脑会分泌出大量的多巴胺。若以日常生活实际举例,比如"小学生在郊游的前一天晚上兴奋得睡不着觉",此时大脑内的多巴胺大量分泌,这样理解想必更加通俗易懂。其实不仅限于郊游,想必读者朋友们都曾有过"纵情欢乐前坐立不安、魂不守舍"的经历吧。

"腹侧被盖区"[1](ventral tegmental area)位

---

[1] 位于中脑黑质与红核之间,富含多巴胺等多种递质的神经元。传出纤维投射广泛,参与学习、记忆、情绪、动机性行为和睡眠-觉醒的调节功能。

于大脑的中心区域，它是多巴胺的产生地点。多巴胺刺激产生快感的奖赏通路，极大程度上影响着大脑的运转方式与人类个体的行为。

并且，多巴胺能神经元也如同去甲肾上腺素一般，在前额叶皮质、杏仁核、海马体、大脑深部的伏隔核等广泛的大脑区域中建立起神经网络。当分泌出的多巴胺抵达上述部位，将会提升大脑警觉度，并产生快感。特别是当多巴胺抵达伏隔核时，大脑将会牢牢记住行为动因并将其转化为快感，使人持续该行为。

我们的祖先曾生活在一个食物短缺与资源匮乏的世界中，找寻新信息与新环境的本能也就深深地印刻在了人类的基因里。这些欲望可以有效地提升找到食物的概率，也能增加与异性相遇的概率。在上述生存策略的影响下，人们为了激活产生快感的"奖赏效应"，需要经常性地寻觅感兴趣的新鲜事物并加以挑战。

如前所述，多巴胺与主动性遗忘密不可分。倘若我们身处全新的环境，内心心潮澎湃，分泌出了大量的多巴胺。这一方面更易于留存下此时此刻的记忆，但另一方面，也会主动性地清除那些尚未转移至大脑皮层的模糊记忆，从而帮助大脑获取新记忆。

多巴胺能神经元的神经回路与遗忘功能息息相关，缺乏活跃性的它却能被激活。如此说来，"遗忘"可谓是大脑固有的原始功能。由此观之，挑战新事物自然易于遗忘旧记忆。

多巴胺还会影响着每个人的好奇心程度。多巴胺受体[1]（dopamine receptor）的基因决定了好奇心程度。基因组中存在着某种典型性的重复序列（repetitive sequence）[2]，好奇心越强的人重复的次数也就越多，多巴胺发挥出的作用也会随着次数的增加而提升。

人类的行为会受到多种因素的影响，但毫无疑问，多巴胺在好奇心的基础之上加快了行动进程，也极大程度地提升了人类的创造力。

---

1. 存在于细胞膜上能与多巴胺产生特异性结合并发挥相应生理效应的受体。
2. 真核生物染色体基因组中重复出现的核苷酸序列。这些序列一般不编码多肽，在基因组内可成簇排布，也可散布于基因组中。可分为串联重复序列、散在重复序列、高度重复序列、中度重复序列等。

血清素能够稳定内在精神

血清素能够使得人体内在的精神稳定、无忧无虑，因此也有着"幸福荷尔蒙"的美誉。血清素可以使人神清气爽，困倦之际酣然进入梦乡。

如今，一旦患者被确诊为抑郁症，优先开出的药方是选择性血清素再吸收抑制剂（serotonin-selective reuptake inhibitor，SSRI）。我并非是精神科医生，因此也未曾开出过这种药，然而我曾将自己的患者介绍到精神科，他们服用这种药后竟奇迹般地缓解了症状，诸如此类的事例屡见不鲜。血清素有助于安抚心神，对焦虑症也卓有成效，比如惊恐障碍[1]（panic disorder）、社交焦虑障碍[2]（social anxiety disorder）等。

众所周知，倘若人体缺乏血清素，就会引发压力性的过敏反应，并且这还直接关系

---

[1] 以反复出现的惊恐发作为原发和主要临床症状，并伴有持续担心再次发作或发生严重后果的焦虑障碍。
[2] 又称"社交恐惧症（social phobia）"。害怕被别人审视，导致对社交场合回避的精神障碍，往往伴有自卑和害怕被批评。

到抑郁症的病发。

血清素神经元（serotonin neurons）也采用了与去甲肾上腺素和多巴胺相类似的神经通路。它产生于脑干内的"中缝核"[1]（raphe nuclei），在额叶、海马体等部位形成了大范围的神经网络。并且，血清素的分泌有助于激活"专注思维"。"发散思维"与抑郁症密不可分，"专注思维"的活跃则可以抑制"发散思维"。

而血清素与记忆之间又存在着哪些联系呢？脑科学研究发现，倘若缺乏血清素，"陈述记忆"的形成过程将会受到阻碍，其中尤其是情节记忆。血清素的缺失将会过度地提升海马体内的突触强度，这阻碍了记忆的形成过程，最主要的原因即在于此。

提升突触强度本应该加快记忆的形成过程，在此却为何产生了反效果呢？实际上，倘若同时提升海马体内所有神经元的突触强

---

[1] 沿中脑和菱脑被盖中缝排列的许多不成对神经元的总称。包括中央被盖上核、中缝背核、中缝桥核、中缝大核、中缝苍白核和中缝隐核。核团主要以血清素为神经递质；发出纤维广泛投射到下丘脑、隔、海马和扣带回，也下行投射到脑干、小脑和脊髓。

大脑与身体协同运转时——大脑的两种思维模式　　**105**

度，这不仅不会加快记忆形成，反而会起到反效果。唯有提升海马体内特定的突触强度，才能正确地形成记忆。除此之外，神经元的活跃度也应当处在考虑的范畴内。所以说补充血清素有助于加快新记忆的形成过程。

以下简要地介绍几种生活习惯，它们有助于促进血清素的分泌。

首先，要介绍的生活习惯是"晒太阳"。其原因在于，血清素是由色氨酸[1]（tryptophan）这种人体必不可少的氨基酸组合而成，阳光照射是合成血清素不可或缺的途径之一。最重要的是，让太阳光线照射入眼、刺激视网膜[2]（retina）。只需在清晨起床后拉开窗帘、沐

---

1 人体必需氨基酸之一。是一种芳香族、杂环、非极性 α 氨基酸。L- 色氨酸是组成蛋白质的常见 20 种氨基酸之一，是哺乳动物的必需氨基酸和生糖氨基酸。在自然界中，某些抗生素中有 D- 色氨酸。
2 眼球壁的最内层。柔软而透明。为眼的感光部位，是高度分化的神经组织。主要由色素上皮细胞、视细胞、双极细胞和节细胞 4 层细胞构成，4 层细胞和神经胶质细胞在视网膜内有规则地成层排列而形成切片标本上的 10 层结构，向内依次为色素上皮层、视杆视锥层、外界膜、外核层、外网层、内核层、内网层、节细胞层、神经纤维层和内界膜。

浴阳光即可。在阳光灿烂时，若能出外散步 10 分钟、20 分钟就再好不过了。反之，假如因为不愿意被太阳晒黑而极力躲避阳光，这种生活易于引发情绪低落，使得情绪如同一潭死水般毫无波澜。

为了分泌出血清素，从膳食中摄取营养素也至关重要。我们还需要摄取色氨酸，以将大脑中的血清素维持在适当水平。除了大米之外，色氨酸还广泛地存在于大豆制品和乳制品之中。如果日常生活中膳食均衡，也无须特别在意。但如果平日里较少食用这些食品，也可以有意识地多加摄取。

除此之外，有节奏的规律运动也可以促进血清素的分泌，更有助于缓解不安感。在收看美国职业棒球大联盟[1]（Major League Baseball）的棒球比赛电视节目转播时，我们常会看见球员站在击球位置嚼口香糖。若从血清素的作用出发并加以推断，上述行为其实很合理。其原因在于，有节奏的规律运动

---

1 北美地区最高水平的职业棒球联赛，1903 年由国家联盟和美国联盟共同成立，美国四大职业体育联盟之一。

能够增加血清素的分泌量,咀嚼口香糖的行为产生出了某种节奏感,它促进了血清素的分泌,有助于集中注意力和缓解不安感。

年幼的孩童被大人揽在怀中轻轻摇晃,听着催眠曲酣然入睡,这种节奏感也会促进血清素的分泌。与此同理,我们平日里聆听节奏舒缓而又平稳的音乐,安全感从心中油然而生,这也与血清素的分泌息息相关。过往,人类对于血清素一无所知,却早已认识到了音乐的美妙之处,甚至通过吟唱赞美歌、诵读佛经等方式,实际这是应用血清素的内在机理以缓解人们心中的不安感。

大脑的正常运转
离不开身体

前文中我们已经说明,大脑作为一个整体发挥作用,记忆存在于面积广泛的大脑皮层中。除此之外,作者还曾反复强调,记忆穿梭于"意识"与"潜意识"之间,以多巴胺为首的神经递质负责管理广阔区域内的记忆。

然而,记忆并非是从大脑中自然产生的。

追根溯源，记忆是由人体的五种感觉器官获取外界信息后，经由大脑加工而成。所谓的五种感觉器官，即视觉、听觉、嗅觉、味觉和触觉。毋庸置疑，倘若身体不复存在，自然也无从获取记忆所必要的信息。并且个体过往所构建的记忆库与主观情绪决定了哪一类别的信息保留为记忆，这一说法毫不为过。

这些信息从全身的感觉系统中获取而来，暂时集中于大脑中心区域的"丘脑"部位，而后转移至大脑皮层中，并且为大脑详细分析。

如图 12 所示，与此同时，周围传递而来的信息也会传递至丘脑附近的杏仁核，从而引发情绪的起伏变化。杏仁核接近于下丘脑这一自主神经系统[1]（autonomic nerve）的中枢，也与海马体相邻，它负责在下意识间引发情绪的起伏变化。

引发情绪起伏变化的信息极有可能关乎个体存亡，至关重要，尽可能多地保留此类

---

1 支配内脏的运动神经。分为中枢部分和周围部分。包括交感神经和副交感神经。

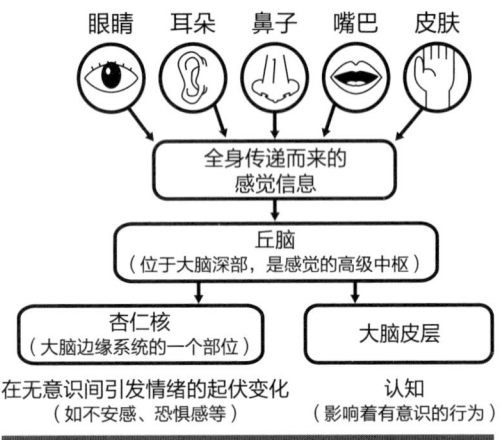

```
         眼睛    耳朵    鼻子    嘴巴    皮肤
          ↓      ↓      ↓      ↓      ↓
         ┌───────────────────────────┐
         │    全身传递而来的          │
         │      感觉信息              │
         └───────────────────────────┘
                     ↓
         ┌───────────────────────────┐
         │         丘脑               │
         │ （位于大脑深部，是感觉的高级中枢）│
         └───────────────────────────┘
              ↙              ↘
    ┌──────────────────┐   ┌──────────┐
    │     杏仁核        │   │ 大脑皮层  │
    │（大脑边缘系统的一个部位）│   │          │
    └──────────────────┘   └──────────┘
  在无意识间引发情绪的起伏变化        认知
   （如不安感、恐惧感等）      （影响着有意识的行为）
```

图 12　大脑获取记忆信息后的处理方式

记忆才合乎情理。并且，它或许也预兆着某种迫在眉睫的紧急事态，以至于全身不得不立刻做出反应。大脑根据五种感觉器官传递而来的信息，激活潜意识中的所有记忆，从而做出合适的行为，即判断应当选择正面交锋抑或是溜之大吉，这一点关乎个体存亡。

换句话说，我们不仅在大脑皮层中有意识地接收各式各样的感觉信息，还将相当一部分信息储存于潜意识内，它们在下意识间做出反应。有些时候，我们从直觉上排斥某些事物，又或是深感恐惧且坐立不安，无法依照常理处置。此时，即使我们无法将这些信息在大脑皮层中加以分析，也应当认为其中蕴含着某种真相。

相反，倘若我们将感觉信息拒之门外则又如何？在安静的环境中闭上双眼，除非接收到周身传递而来的某种异乎寻常的负面感觉，如疼痛感、麻木感等，否则人会被引导至睡眠状态，失去自我意识。假如没有周身传递而来的感觉信息，意识也不复存在。

近年来，随着人工智能[1]（Artificial Intelligence，AI）的高速发展，围绕着"机器是否存在意识"这一有趣的议题，一时之间引起广泛议论。作为脑外科医生，我个人认为，就现阶段而言，人工智能没有身体，也就无法拥有意识。然而，如果从计算机技术的飞速发展这一点出发，我的主观意见也只不过是欺世之言并未可知。或许有人说，我们可以无限次地还原出同一类别的人工智能的意识。如此一来，则有必要讨论有别于人脑意

---

1 人工智能是研究、开发用于模拟、延伸和扩展人的智能的理论、方法、技术及应用系统的一门新的技术科学，是新一轮科技革命和产业变革的重要驱动力量。

识的另外一种"机器意识"了。

然而,至少对于人类而言,创造意识的活体大脑与身体相伴而行。在人类生命中,大脑与身体互通有无,同时也在不断变化。抛开身体,大脑便不复存在,抛开大脑,身体也不复存在。

大脑在下意识间支配身体活动

前文已经说明了大脑在下意识间为身体传递而来的知觉信息所驱动,但与此同时,大脑也会在极大程度上影响着身体。某种经历使得我们拥有喜悦、恐惧、不安等情绪,它不仅会加快海马体内的记忆保留进程,也会引发明显的身体反应。实际上,此时身体内产生出的"压力荷尔蒙",也会在极大程度上影响着记忆。

本章最后,让我们一起来了解一下大脑支配身体所不可或缺的"自主神经系统"和"内分泌系统"(endocrine system)。

自主神经系统在下意识间驱动身体,并

在无意识中调节心脏、呼吸器官[1]（respiratory organ）、血管等部位的运转。自主神经系统的头节是"下丘脑"，它以聚集在丘脑中的感觉信息为基础，驱使着自主神经系统正常运转。

外界输入的信息或多或少都会引发情绪的起伏变化，其中的大多数都会转化为"压力"，并且影响着生物体。自主神经系统既能使身体进入战备状态，以应对压力、开展行动；又能提升大脑警觉度，使其进入应对反应的准备状态。

"交感神经系统"（sympathetic nervous system）与相互拮抗的"副交感神经系统"（parasympathetic nervous system）共存于自主神经系统中。"交感神经系统"能够驱使身体进入战备状态，具体包括心跳加快、提升血压、出汗、促进血液流向肌肉等。

与此相对，"副交感神经系统"则可使得身体充分休息、恢复精力，具体包括降

---

[1] 呼吸道、肺和胸廓的总称。其主要功能是输送气体和进行气体交换，此外还有湿化、温化、净化气体，以及嗅觉、发音、免疫、代谢等功能。

低心率、收缩支气管[1]（bronchi）、促进胆汁[2]（bile）分泌等。副交感神经系统正常运作，可谓是在对大脑下达指令："当下并没有危险，但请注意休息、保养身体。"

"内分泌系统"从大脑中分泌出多种激素，影响人体全身，它的作用至关重要。其中尤其是促肾上腺皮质释放激素[3]（corticotropin-releasing hormone），这种激素主要分泌于个体感觉到忐忑不安或毛骨悚然之时，它与记忆之间密不可分。

促肾上腺皮质释放激素产生于下丘脑，

---

1. 由气管分出的各级分支。1级分支分为左、右主支气管，自气管隆嵴部分出后，斜行进入两侧肺门。之后在肺内呈树状反复分支。总共可达23～25级；最后一级分支称呼吸性细支气管，连于肺泡。
2. 由肝细胞和毛细胆管分泌的复合溶液。除水分外，其成分主要含有胆盐、胆固醇、卵磷脂、脂肪酸、黏蛋白、胆色素和无机盐。生理功能为乳化脂肪，促进脂肪和脂溶性物质的吸收，排泄肝代谢物，抑制肠内致病菌的繁殖和内毒素形成，刺激肠蠕动及中和部分胃酸等。
3. 由下丘脑神经元分泌的肽类激素。能刺激垂体前叶分泌促肾上腺皮质激素。

最终使得肾上腺[1]（adrenal gland）分泌出"皮质醇"[2]（cortisol）[糖皮质激素[3]（glucocorticoid）]。皮质醇是一种应对压力的激素，它与交感神经系统共同发挥作用，以应对迫在眉睫的紧急事态，使人能够随时进入战备状态。

并且，皮质醇受体大量存在于前额叶皮质、海马体、杏仁核等部位，它与记忆之间的关系基本上类似于去甲肾上腺素。它能促进海马体内的神经发生、加快全新的陈述记忆的保留进程。与此同时，它也在积极主动

---

1 解剖学部位紧邻肾内上方的成对内分泌腺体，左右各一。与同侧肾共同被肾筋膜所包裹。内部分为皮质和髓质两部分，外周是皮质，中心是髓质。肾上腺分泌皮质激素和髓质激素，参与调节体内代谢等活动。

2 又称"可的松""氢化可的松"。人类的主要糖皮质激素，由黄体酮转变而成。在血液中与皮质激素运载蛋白结合，有强的抗炎活性。具有促进肝糖原分解、糖异生，调节微循环和维持血压的作用，在调控情绪和健康方面也具有重要作用。

3 肾上腺皮质分泌的类固醇激素。包括氢化可的松和可的松。含21个碳原子。具有调节糖、脂肪、蛋白质生物合成和代谢的作用，还具有抗过敏和抗炎作用。

地清除过往的短期记忆。

之所以皮质醇能够加快记忆的保留进程，其原因在于，分泌皮质醇就会引发情绪的起伏变化，人们更易于将引发情绪起伏变化的经历铭记在心，如此做法才有利于未来发展。

然而，皮质醇如同去甲肾上腺素一般，长期分泌将会减少神经元的树突，请务必留意。换句话讲，皮质醇为了保护个体不受侵害，一方面可以让人体进入战备状态，并提升大脑警觉度，从而使得意识清晰。但另一方面，长此以往也会使得大脑倍感疲惫。

如前所述，引发情绪起伏变化的意外事件易于转换为压力，并对大脑产生极大的影响。精神压力大的人务必小心，长期分泌皮质醇将会减少这一部位树突的神经网络，易于导致人格障碍[1]（personality disorder）和记忆障碍[2]（memory disorder）。

---

[1] 内心体验和行为模式明显偏离所处的社会文化环境，社会功能受损，但往往不能自我认识的异常人格模式。

[2] 大脑降低或丧失对信息的接收、存储和检索的能力。原因有痴呆、脑损伤、智力低下等。

倘若人体时常处于战备状态，激活"专注思维"的去甲肾上腺素与皮质醇将会自我伤害，缩减大脑的健康寿命。因此，适当放松、让大脑与身体充分休息非常重要。

面对周围发生的各种意外事件，大脑都会有意识或无意识地做出反应，并试图在当下采取最优解的行为。然而，根据大脑的不同反应，身体也会产生出各不相同的物质，它们有时反而会极大程度地影响大脑。大脑在支配身体的同时，也受到了身体的支配。

第五章

延长大脑的寿命——不断遗忘的具体方法

能谋善断之人善于遗忘

"我想让自己的大脑善于遗忘"——这一说法或许令人觉得好笑。然而，如前文所述，我们的大脑在记忆的形成与维持方面耗费了巨大的能量，它同时也在积极主动地消耗能量，以清除那些不常用的旧记忆。为此，大脑特意合成了蛋白质以加快遗忘进程。

如此做法有何必要，大脑又究竟为何如此呢？其原因在于，获取新记忆需要使用到新生神经元，倘若无法清除那些维护旧记忆的固有神经元，有限的大脑空间则会拥挤不堪。所以，为了维持大脑的正常运转，海马体内神经元的新陈代谢不可或缺。"遗忘"正可证明大脑处于正常运转的状态之中。

大脑的重量约为 1.4 千克，而它却消耗了全身摄入氧气与能量的 20% 以上。其中究竟有多少用于遗忘，目前尚未知晓。然而，若从遗忘的内在机理出发，即遗忘是记忆过程中必不可少的一环，我们应当认为，大脑为了遗忘而投入了巨大的能量。

如果无法遗忘，新记忆也就不复存在。

进一步说，一方面如果无法获取新记忆，人们也就无法深度思考。其原因在于，所谓思考，即是将遗忘后获取的新记忆排列组合，从中找寻出有益于未来发展的新视角并赋予其全新的解读。思考也可以是个体基于记忆而实施的行为，从中能够反映出个体基于过往经历和经验，对于记忆做出某种取舍倾向。

另外，思考也可以促进遗忘。思考会刺激某种特定的神经回路，而其他的神经回路则遭受抑制。

思考对遗忘的促进作用与第二章中所提及的"提取诱发遗忘"息息相关，一个神经元对应多种记忆，由此而引发出了该现象。一方面思考既驱动大多数的神经元，提升其活跃性，另一方面思考也抑制了电信号刺激其他与记忆相关的神经回路，因此具有促进遗忘的功效。

无所用心之人更易于留存记忆。然而，他们留存的记忆并不与"发散思维"有机结合，仅仅只是留有一个模糊的印象，提及相关的话题时大概能够回想起来罢了。如此一来或许不再健忘，但纵使这种记忆堆积如山，也无法在此基础之上创造出全新的事物。

在现代社会中，人工智能飞速发展。如果单纯地比拼记忆量，人工智能以海量数据为基石，并且据此做出机械性判断，它将更胜一筹。正是在这样的时代里，人类更需要严格筛选出必要的记忆，并且将其留存于大脑中，而后将它们有机结合、深度思考，从而创造出人工智能所无能为力的新事物。杂乱无章的记忆只需交由文明的利器保存，需要之际随时取用即可。

话虽如此，人类却无法如此自如地处理记忆。有时偏偏遗忘了一定需要牢记的事情，有时应该遗忘的事情却难以忘怀。

它们都是因为用脑时偏废一方而造成的。这是我们在下意识间的用脑倾向，其中的内在机理究竟是什么？我们怎样做才能纠正弊病呢？

大脑真的越用越聪明吗？

想必大多数人都认为，越是频繁地使

用大脑，大脑就愈加活跃并不断成长。若对"大脑越用越聪明"这一观点提出质疑，或许会令人颇感荒诞不经。

但常言道"过犹不及"，这对大脑来说也是如此。关键之处在于适度二字，切勿过度使用。在此希望读者朋友们能明白，我们应当适度使用大脑，以延长神经元的健康寿命。实际上，至关重要的用脑诀窍就是休息。

少突胶质细胞归属于神经胶质细胞，它发挥着重要的作用。少突胶质细胞是新陈代谢最为活跃的细胞，它主要负责形成包裹轴突的"髓鞘"。而髓鞘又是记忆形成的过程中不可或缺之物。因此，少突胶质细胞时常在过度疲劳的状态下持续工作。不难理解，少突胶质细胞供给着相当于自己重量百倍的髓鞘，因此超负荷运转也在情理之中。

而少突胶质细胞易于受到压力，往往容易超负荷运转、陷入过度疲劳的状态中。保护少突胶质细胞有助于保护它的神经回路，从而保护神经元。纵使神经元仍能正常运转，少突胶质细胞早已濒临极限也未可知。

使用大脑这一行为将会驱使神经元和神经胶质细胞同时运转。倘若超负荷运转,少突胶质细胞就会最先死亡,神经元也会紧随其后走向死亡。从死亡细胞流出的物质将会激活大脑的免疫细胞——小胶质细胞,从而产生持续不断的炎症反应。如此一来,这将会进一步加快大脑细胞的死亡,促进大脑的老化。由此观之,适度使用大脑至关重要,不可偏废于任何一方。

少突胶质细胞的抗压能力较弱,为了适度使用大脑,了解合适的用脑方式,使得少突胶质细胞得以存活,这一点至关重要。然而,我们却无法直接了解到,如今的大脑状态是否适合于少突胶质细胞生存。

那么,怎样处理方为上策?

关键在于"感到疲劳就休息""感到厌倦就做不同的事情"。大脑感觉到疲劳,这表明当时正处于使用状态的大脑部位累积了大量的"腺苷"[1](adenosine),它主要是

---

[1] 一种重要的神经调质。在中枢神经系统参与调节睡眠、觉醒、学习记忆、抑郁和焦虑等多种生理和病理过程。

在使用腺苷三磷酸[1]（adenosine triphosphate，ATP）后分泌，而腺苷三磷酸则负责产生能量。腺苷是一种强大的睡眠诱导因子，具备抑制大脑整体活动的功效。倘若一如既往地持续着该行为，就会堆积活性氧[2]（reactive oxygen species）和不溶性蛋白质[3]，脑细胞也会走向死亡。大脑感到厌倦，这也表明了大脑中的某个特定部位已经疲惫不堪，腺苷已经开始堆积。无论是"疲劳"抑或是"厌倦"，英语中都使用相同的词组"get tired"加以描述，这既能揭示本质，也具有象征意义。

---

1 由腺苷和三个磷酸基组成的核苷酸，是细胞的直接能源物质。
2 一类含有氧原子的反应活性分子。如过氧化氢、羟自由基、超氧阴离子、单线态氧和各种过氧化物等。这类分子在生物体中具有重要生物功能，广泛参与细胞信号转导、氧化损伤和多种生理、病理过程。
3 这类蛋白质分布于角质层、骨、软骨等组织中，具有支持、保护、缓冲等功能。

谷氨酸[1]（glutamic acid）是极为重要的神经递质之一，如果长时间持续着相同的事情，也会堆积谷氨酸，产生出神经毒性[2]（neurotoxicity）。感觉到"厌倦"是谷氨酸堆积的先兆。倘若感到疲劳，抑或是感觉厌倦，就要有意识地去做不同的事情。

为了让大脑充分休息，睡眠时间与发呆放空、无所事事的时间必不可少，这一点无须多加讲述。但实际上，仅就如此也无法使得大脑充分休息。其原因在于，在特殊情况下，这些事情反而会激活大脑的特定部位。为了让大脑充分休息，"做不同的事情"就显得尤为重要。

其原因究竟何在？下文中将对这一问题展开讨论。

---

1. 人体非必需氨基酸之一，是构成蛋白质的20种常见氨基酸之一，作为谷氨酰胺、脯氨酸及精氨酸的前体。L-谷氨酸是蛋白质合成中的编码氨基酸，哺乳动物非必需氨基酸。在体内可以由葡萄糖转变而来。D-谷氨酸参与多种细菌细胞壁和某些细菌杆菌肽的组成。
2. 外源性物理、化学物或生物因素对神经系统各部位所引起的结构和功能损害作用。

至关重要的是
均衡使用大脑

为了不让大脑疲惫，卓有成效的方法是做不同的事情，即均衡地使用"专注思维"与"发散思维"。

上一章中已经阐明，大脑大致可分为两种思维模式，即"专注思维"与"发散思维"。除此之外，作者还一再强调，一方激活时另一方必然遭受抑制，从而给予另一方充分休息的时间。

人们心怀某种目的、专心致志地投入某项工作之中，此时"专注思维"掌管的区域受到激活，这一区域主要位处于额叶与顶叶外侧面的大脑皮层。反之，当你专心致志地投入某项工作中，此时遭受抑制的则是"发散思维"，它控制着整个大脑的平衡，也负责整理记忆。

两者在相互抑制间发挥作用，并且深层次协同运转，从而最大限度地发挥出了大脑的功能。也就是说，两者之间相互交替运转、平均受到激活，就能给予彼此适当的休息时间,从而延长大脑的健康寿命。

平衡两者最为简单的方法就是"做不同的事情",这可谓是转换"专注思维"与"发散思维"的开关。然而,此时此刻应该激活"专注思维"还是"发散思维"呢?问题的答案因个人行为的不同而各有差异。因此,思考当下自己的行为动用到的思维模式,并且有意识地加以切换方为上策。如表2所示,表中归纳了动用到"专注思维"与"发散思维"的不同实例,供读者朋友们参考。

表2 动用到"专注思维"或"发散思维"的行为列表

专注思维	发散思维
心怀某种目的、完成某项课题	放空大脑眺望风景
读书	散步
沉浸于热爱的事物之中	回想过往的记忆
运动锻炼	淋浴泡澡
聆听自己喜欢的音乐	睡觉(快速眼动睡眠)
撰写文章	不消耗脑力的简单体力劳动
玩手机游戏并乐在其中	快速浏览社交网站

与此相对,倘若持续着"同样的事情",即持续使用"专注思维"或"发散思维"中的其中一种,大脑就会更加疲惫。

"发散思维"过度活跃的典型代表，非抑郁症莫属。有时候自己什么事都不想做，本想控制行为、让大脑暂得片刻安歇，但实际上大脑仍在不停运转。"我现在什么事情也没做，想必大脑已经处于休息状态了吧"，诸如此类自以为是的想法极其危险。其原因在于，纵使自己什么事情都没做，"发散思维"也仍在运转不息。即使是在睡眠时段，"发散思维"也有可能处于活跃状态。特别是处于抑郁状态下，大脑清醒时"发散思维"超负荷运转，丝毫未曾有片刻休息的时间。

纵使是在睡眠时段，也有很多"发散思维"掌管的区域受到激活。因此，人为采取某种方式、积极主动地让"发散思维"充分休息，其中的必要性不言而喻。出乎意料的是，"心怀某种目的、专心致志地投入于某项工作中"这一行为，能够给予"发散思维"充分休息的时间。投入工作能够激活"专注思维"、抑制"发散思维"。除此之外，在此期间分泌出的去甲肾上腺素和多巴胺也会抑制"发散思维"。专心致志地投入工作，是让"发散思维"充分休息的最佳选择。

但另一方面,"专注思维"过度活跃,将会导致该部位堆积劣化的蛋白质与活性氧等物质,最终导致细胞死亡。并且,由于分泌去甲肾上腺素和多巴胺的细胞们负担过重,这又进一步加重了它们的疲惫程度,最终也会导致这些细胞走向死亡。不久之后,"专注思维"的功能就会不断减弱。

"神经系统变性疾病"[1](neurodegenerative disease)将会导致大脑细胞的死亡。在这之中,罹患帕金森病[2](parkinson disease)或某一类型认知障碍的患者,生病前往往有着"过度认真""循规蹈矩"等性格倾向。上述性格易于受到周围人的高度评价,但长此以往,

---

1 一组原因不明的慢性进行性损害神经组织结构和功能的疾病。组织器官在衍化、发育、成熟、衰老等过程中出现的一系列复杂的结构和功能障碍性疾病。

2 又称"震颤麻痹"(tremor paralysis)。常见于中老年人的神经系统变性疾病。临床上以静止性震颤、运动迟缓、肌强直和姿势平衡障碍为主要特征。该病最早由英国医生詹姆斯·帕金森(James Parkinson)首先报道后以其名字命名的神经系统综合征。

"专注思维"则过于活跃,最终才会使得个体罹患该类疾病。因为性格过度认真,某项工作不做好誓不罢休,这才会驱使个体始终奋战在某项工作上,绝不停歇。

因此,倘若感觉到了"疲劳"或"厌倦",就请把工作置于一旁,抑或是做一些不同的事情,让大脑稍作歇息。若非如此,从长远来看,这将会导致"专注思维"过度活跃,大脑易于偏废一方。

如上所述,偏废于"专注思维"或"发散思维"的任何一方都有损于大脑健康,因此,务必有意识地加以规避。

既可以让自己投入到工作或是兴趣之中,以激活"专注思维";又可以让自己悠闲自在地散步或是独自发呆放空,以激活"发散思维"。至关重要的是让"专注思维"与"发散思维"相互之间交替运转。

如果感觉自己近期怀有"抑郁倾向",或许是因为"发散思维"过于活跃才导致的,那么可以有意识地激活"专注思维"。然而,对于那些抑郁倾向较为严重的人而言,已经难以动用"专注思维"。倘若如此,也可以轻轻松松地玩手机游戏,以调动"专注思维"。还请在适当范围内,有意识地使用"专注思维"吧。

睡眠与饮食习惯影响大脑寿命

为减轻大脑的疲劳感,"做不同的事情"最为高效。但尽管如此,睡眠对于"大脑的休息"至关重要,这一点毋庸置疑。

任何拥有大脑的动物,都存在着被捕食者捕获的风险。但尽管如此,它们却都没有朝着"无须睡眠"的方向进化。其原因究竟何在?

这是因为,倘若没有睡眠,神经胶质细胞就无法维护大脑。神经胶质细胞为神经元补充营养、清除代谢废物,通过这些方式,它在大脑中支撑着神经元运转。但神经胶质细胞唯有在夜间睡眠时段才能充分活动。

为了使大脑中的神经胶质细胞充分发挥维护作用,睡眠不可或缺。

除此之外,人体在睡眠时也在维护着记

忆。大脑在夜间睡眠时段巩固记忆，具体而言，主要是在合成与记忆相关的蛋白质。蛋白质是记忆的主要组成部分，但所有的蛋白质都是在细胞内的"内质网"中被适当地折叠，从而发挥作用。倘若缺乏睡眠，内质网则无法正常运转，蛋白质也遭受错误的折叠，劣化的蛋白质不断堆积，最终阻碍了记忆的形成过程。除此之外，内质网应激[1]（endoplasmic reticulum stress）频发，最终也会导致神经元和神经胶质细胞死亡，从而阻碍了记忆的形成过程。

---

1 内质网为保持或恢复自身稳态所采取的应激反应。常见的未折叠蛋白反应（UPR）就是减少未折叠蛋白在内质网积累的机制。

众所周知，胶质淋巴系统[1]（glymphatic system）以星形胶质细胞为中心，它是一个清除大脑内代谢废物的系统。夜间睡眠时段，胶质淋巴系统受到激活。倘若胶质淋巴系统无法正常运转，陈旧且折叠异常的劣化蛋白质就会在大脑内不断聚集、堆积，直接成为罹患阿尔茨海默病的病因。

如同死亡的细胞一般，这些劣化蛋白质等代谢废物不断堆积也会引发慢性炎症，加快神经元的死亡。

若说睡眠时间是维护大脑健康和记忆的关键时段，也毫不为过。所有的哺乳动物都冒着被捕食者捕获的巨大风险，但即使如此，它们也要保证睡眠时间，这一做法自有其缘由所在。

从维护大脑的角度出发，除了睡眠，饮食也至关重要。

或许是因为饮食的重要性人尽皆知，倘

---

[1] 胶质淋巴系统是一个主要由星形胶质细胞水通道蛋白4介导的依靠动脉、静脉周围血管间隙的脑脊液－脑组织液交换流动的系统，是阿尔茨海默病、脑卒中、帕金森病、失眠、抑郁症等脑病的共同特征，是一条新的脑代谢途径，可以清除包括β－淀粉样蛋白、乳酸在内的代谢产物。

若使用记忆力这一关键词加以检索，就会出现很多广告，诸如"有益于大脑的营养品""增强记忆力的食品"……这些广告产品是否有效？想必不少人都会心怀期待，抑或是感觉忐忑不安吧。当然，它们的预期效果千差万别，这一点还请务必谨慎。这本书中一再强调："将不可或缺的记忆铭记于心，与此同时逐渐遗忘那些可有可无的记忆"，那么，为了不断接近这一理想状态，我们应该在饮食层面补充些什么呢？

这里要提及的是"脂质"（lipid）。大脑细胞中蕴含着极其细小的突起，为了维持其形状，需要消耗大量的脂质，它们是细胞膜的主要成分。我们在减肥时往往回避脂质，但是适当地摄入含有脂质的食品，更有益于维持大脑功能。

在脂质中，作为细胞膜主要成分的Omega-3不饱和脂肪酸[1]尤为重要，如果营

---

[1] 由碳-碳原子连成的长链，其上还有氢、氧原子，3~6个不饱和键（双键）间隔地排列在长链之中。Omega-3不饱和脂肪酸可减轻炎症反应，还可能减低心脏病、癌症和关节炎等慢性病的风险。

养品中含有它,食用后将有助于改善认知功能。其原因在于,大量的 Omega-3 不饱和脂肪酸能够提升细胞膜的柔韧性和流动性。虽然目前尚有诸多未解之谜,但有报告称,如果让罹患大脑功能障碍的患者和处于大脑成长阶段的孩童摄入 Omega-3 不饱和脂肪酸,有助于改善认知功能。只要不是大量摄入,稍微多食用一些,绝不会产生负面影响。

除此之外,蛋白质也是记忆形成过程中必不可少的要素。氨基酸用以合成蛋白质,摄入氨基酸,特别是人体内无法合成的"必需氨基酸[1]"(essential amino acid)至关重要。肉类、鱼类、鸡蛋、乳制品、大豆等食品富含"必需氨基酸",务必充分摄入。

葡萄糖是神经元唯一的能量来源,我们也需要适当地补充葡萄糖。唯有从葡萄糖中获

---

1 人体自身不能合成或合成速度与数量不能满足人体需要,必须从食物中摄取的氨基酸。对人体来讲,必需氨基酸共有 8 种:赖氨酸、色氨酸、苯丙氨酸、蛋氨酸、苏氨酸、异亮氨酸、亮氨酸、缬氨酸。对于婴幼儿,组氨酸也是必需氨基酸。

取能量，神经元的电活动和支撑它的神经胶质细胞才能正常运转。正因为如此，大脑的"食量"超乎想象，它消耗的葡萄糖占全身总量的25%。因此，为了最大限度地发挥出大脑的功能，最好也适当摄入糖类[1]（saccharide）。虽然时下流行控糖减肥，但仍需注意的是，如果过度回避摄入糖类，或许会对大脑产生极其严重的负面影响，导致思维能力与记忆力的下降。之所以糖类如此为人深恶痛绝，归根结底在于人们过量地摄入所导致。

上文中列举的脂质、蛋白质、糖类（碳水化合物）合称"三大营养素"，它们是维持生命的基本营养素，也会对记忆产生至关重要的影响。在每天的饮食生活中，我们必须适度地加以摄入，这一点不足为奇。

顺带一提，"少突胶质细胞"的代谢负荷强，需要巨大的能量以维持其运转。为了保护"少突胶质细胞"，适当地摄入营养素

---

[1] 植物中的葡萄糖、果糖、淀粉和纤维素，以及动物体内的乳糖和糖原等的总称。化学组成为碳、氢、氧3种元素，化学本质为多羟基的醛或多羟基的酮及其衍生物，可分为单糖、寡糖和多糖三类。

至关重要。然而，为此所需的"神经酰胺"[1]（ceramide）难以从肠道中加以吸收，在大脑内几乎完全无法加以使用。"少突胶质细胞"使用的大多数"神经酰胺"，都是利用自身细胞内的蛋白质和酶[2]（enzyme）组合而成的。

即使保健品中富含海量的神经酰胺，大量摄入也无济于事。出于保护皮肤、修复膝盖软骨的目的，食用富含胶原蛋白[3]（collagen）的保健品，也是徒劳无益，大多数情况下人体无法吸收。人体会在关键时刻，于急需之处合成该类物质，这一点至关重要。

---

1 由氨基醇和长链脂肪酸缩合而成的一类化合物。最早从动物神经鞘中分离得到，广泛存在于动、植物细胞中。
2 由生物体内细胞产生的一种生物催化剂。一般由蛋白质组成。能在机体中十分温和的条件下，高效率地催化各种生物化学反应，促进生物体的新陈代谢。
3 动物结缔组织中含量最丰富的一种结构蛋白。由原胶原蛋白分子组成。原胶原蛋白是一种具有右手超螺旋结构的蛋白，每个原胶原分子都是由3条特殊的左手螺旋（螺距为0.95nm，每一圈含有3.3个残基）的多肽链右手旋转形成的。

为了保护少突胶质细胞，均衡膳食至关重要。我们应当适度摄入脂质、蛋白质和供给能量的糖类。

在此，作者并非单指"神经酰胺"。身处现代社会，想要购买什么食品都并非难事。只要不是过于挑食，比起心里想着"补充点什么营养素""减少摄入某些营养素"，有意识地注重膳食均衡更为重要。总而言之，保健品只能发挥辅助作用，首要考虑的应当是保持膳食均衡。

罹患糖尿病将会破坏大脑

从膳食均衡和营养摄入的角度出发，我认为，维持大脑功能的另一个要点在于预防糖尿病（diabetes mellitus）。糖尿病是一种由于血糖值的上升而引起各种并发症的疾病。

实际上，研究结果显示，糖尿病与认知障碍息息相关。鹿特丹研究（Rotterdam study）开展于1999年，这项临床研究统计了全球罹患糖尿病与阿尔茨海默病的患者数据。

研究结果表明，罹患糖尿病将会使得阿尔茨海默病的发病风险翻一番。

自古以来，饥饿是生物体面临的最大生存危机。人体内存在着大量提升血糖的激素，以此对抗营养素的匮乏。然而，降低血糖的激素却唯有胰岛素[1]（insulin）。人体为了克服饥饿而逐渐进化至今，然而身处营养过剩的现代社会，反而作茧自缚。糖尿病可谓是现代社会中慢性病的代表，诸如此类的病症不计其数。

糖尿病可分为两种，即1型糖尿病和2型糖尿病。1型糖尿病[2]是因胰腺（pancreas）[3]中

---

1. 由胰腺内的胰岛B细胞受内源性或外源性物质如葡萄糖、乳糖、核糖、精氨酸、胰高血糖素等的刺激而分泌的多肽类激素。胰岛素参与调节糖代谢，可促进糖原、脂肪、蛋白质合成，是机体内唯一降低血糖的激素，可用于治疗糖尿病。
2. 旧称胰岛素依赖型糖尿病，是一种代谢紊乱综合征，其特征是由于胰岛素绝对缺乏引起的高血糖。
3. 位于上腹区腹膜后的消化腺体。横跨第1、2腰椎间，可分为胰头、胰颈、胰体、胰尾和胰钩突五部分。外形狭长，成人长12～16cm，宽3～4cm，厚1.5～2.5cm。具有内分泌及外分泌功能。

分泌胰岛素的细胞（胰岛 B 细胞[1]）减少而导致的，而 2 型糖尿病的特征则是细胞无法灵活使用胰岛素[2]。长期偏食和缺乏运动都会导致人体的血糖值过高，2 型糖尿病由此而生。

人体因糖尿病而引发高血糖，这为什么有损于大脑呢？

原因数不胜数。过剩的糖类与蛋白质相互结合（糖化作用[3]，saccharification），使其功能劣化。如上所述，对于记忆的形成与清除而言，蛋白质必不可少；而大脑的正常运转，正常发挥作用的蛋白质也不可或缺。高血糖状态的长期持续，将会加速全身上下蛋白质的劣化进程。

接下来作者还想说明的是，分解胰岛素的酶也与阿尔茨海默病的致病物质之一 β-淀粉样蛋白[4]（amyloid β-protein）的分

---

[1] 也称"胰岛 β 细胞"。
[2] 即"胰岛 B 细胞功能缺陷"。
[3] 大分子糖类水解为单糖或寡糖的过程。
[4] 由 β-淀粉样前体蛋白水解形成的代谢产物。由细胞分泌，在细胞基质沉淀积聚后具有神经毒性作用。

解与排泄息息相关。2 型糖尿病会产生出过量的胰岛素，这就使得分解酶大多用于分解胰岛素，从而导致 β- 淀粉样蛋白无法遭受分解。倘若 β- 淀粉样蛋白不断堆积，就会因彼此之间相互黏附（蛋白质聚集）而失去正常功能，发挥出了神经毒性的作用。除此之外，过量堆积的 β- 淀粉样蛋白也会导致慢性炎症，从而加速神经元和神经胶质细胞的死亡。

糖尿病对大脑造成的伤害远不止于此。血糖值过高会激活凝血系统[1]；胰岛素过高也会抑制"纤维蛋白溶解系统"[2]（fibrinolytic system）的活性，这一系统能够溶解血栓。如

---

1 血液凝固是一系列复杂的化学连锁反应过程，参与各连锁反应的多种物质组成的系统。
2 简称纤溶系统，是指纤溶酶原经特异性激活物使其转化为纤溶酶（plasmin,PL），以及 PL 降解纤维蛋白和其他蛋白的过程。纤溶过程是一系列蛋白酶催化的连锁反应，是正常人体的重要生理功能，它与血液凝固存在着既矛盾又统一的动态平衡关系，其主要作用是将沉积在血管内外的纤维蛋白溶解而保持血管通畅，防止血栓形成或使已形成血栓溶解，血流复通。纤溶系统主要有纤溶酶原、纤溶酶原激活物、纤溶酶及纤溶抑制物等蛋白酶组成。

此一来，大脑中就容易形成轻微脑血栓[1]。它是在细小的血管内形成的血块，是多发性脑梗死[2]（multiple cerebral infarction）病发的主要原因。更有甚者，高血糖能够加快炎症反应的进程，炎症则会使得血管管腔（vascular lumen）易于形成血栓，也有可能引发脑梗死[3]（cerebral infarction）。除此之外，高血糖也是

---

1 脑血栓的一种特殊类型，是在高血压、动脉硬化的基础上，脑深部的微小动脉发生闭塞，引起脑组织缺血性软化病变。其病变范围一般为 2~20mm，其中以 2~4mm 者最为多见。临床上患者多无明显症状，约有 3/4 的患者无病灶性神经损害症状，或仅有轻微注意力不集中、记忆力下降、轻度头痛头昏、眩晕、反应迟钝等症状。该病的诊断主要为 CT 或 MRI 检查。而轻微脑血栓如果成为多发性的，则可影响脑功能，导致智力进行性衰退，最后导致脑血管性痴呆。
2 脑内有多个缺血性梗死灶的脑梗死。多为反复发生脑梗死的后果，除常见的运动、感觉及言语障碍外，还容易出现认知障碍，多见于年龄较大人群。高血压及动脉硬化是主要病因。
3 又称"缺血性脑卒中"（ischemic stroke）。各种原因所致脑部血液供应障碍，导致局部脑组织缺血、缺氧性坏死，引起相应神经功能损伤的一类临床综合征。

血管性痴呆[1]（vascular dementia）的病因之一。

如上所述，糖尿病会加快蛋白质的劣化，促进β-淀粉样蛋白的堆积，并增加血栓形成的风险，从多方面损害大脑。

如果你并未患过糖尿病，那么日常饮食也算得上是均衡。我并非是糖尿病领域专家，但依我之见，在大脑中，过度使用神经元易罹患认知障碍。以此类推，减轻胰岛B细胞的负担至关重要。倘若无休止地驱使它持续运转，则会导致其死亡。它也与神经元、神经胶质细胞一样，要想长期运转，充分休息至关重要。

为此，我尽可能地避免吃零食。这一做法旨在营造出一种轻微的饥饿感，给胰岛B细胞预留出一些休息的时间。然而实际上，平日里需要留心的仅此而已，有什么想吃的

---

1 由脑血管疾病所致脑功能障碍引发的痴呆。通常包括记忆力、认知力、情绪与行为等一系列的症状与体征。因颅外大血管或心脏病变间接影响致脑血管供血不足也是重要病因。可分为多发梗死性痴呆、大面积脑梗死性痴呆、宾斯旺格病、特殊部位梗死所致痴呆、出血性痴呆。

东西也无须前思后想，尽情食用即可。我给出的理由是：这与最终的膳食均衡息息相关，因此无须在意。

运动驱动大脑

运动有益于大脑，这一点在大多数的书中都有提及，想必在养生界无人不知、无人不晓。曾有患者问过我："怎样才能预防认知障碍呢？"近来，我的回答是："多做运动。"之后，大多数患者都会表现出心有不甘，似乎是在向我诉说："这一点我也明白呀。"

我有时也不甘示弱，会刁钻地质疑患者："你虽然知道，但什么也没做呀。"听了我的话后，患者则会哑口无言。

实际上，我们在运动时，肌肉会分泌出各种各样的生长因子[1]（growth factor），它们抵达大脑后，一直都在保护着大脑。其中尤

---

1 刺激细胞生长和增殖的一类细胞外信号分子。常为小肽。能激活质膜上的受体，刺激目标细胞的生长。最初分离自血清成分，能促进培养细胞生长。

延长大脑的寿命——不断遗忘的具体方法

其重要的是"胰岛素样生长因子1"[1]（Insulin-like growth factor 1，IGF-1）和"血管内皮生长因子"[2]（vascular endothelial growth factor，VEGF）这两种分子，它们对神经元和神经胶质细胞具有直接的保护作用。并且，这些物质进入大脑之后，还能促进"脑源性神经营养因子"[3]（brain derived neurotrophic factor，BDNF）和血清素等分子的分泌，它们能够保护所有的大脑细胞。

---

1 胰岛素样生长因子1（IGF-1）是一种具有内分泌、自分泌及旁分泌特性的单链多肽，由人的肝细胞产生为主，骨组织产生位居第二，具有促进生长发育、促有丝分裂、抑制细胞凋亡的作用。临床上可用于监测机体生长发育。
2 一种肝素结合因子。是二聚体糖蛋白，具有强烈的促血管内皮细胞有丝分裂及血管通透性作用。对子宫内膜血管增生和修复可能起作用；对腺体增生过程起促进作用，而有利于胚泡着床，与靶细胞上的特异性受体结合发挥生物效应。通过自分泌或旁分泌形式参与卵泡生长发育的调节。
3 神经营养蛋白家族的一员。为一种小的碱性蛋白质，主要存在于中枢神经系统。具有支持来自神经嵴的初级感觉神经元的生存功能，对神经元的存活、分化、生长发育起重要作用，也是内源性促眠物质。

"脑源性神经营养因子"这种分子能够保护神经元免于死亡并持续存活。研究人员指出,"脑源性神经营养因子"与各种各样的疾病息息相关。其中最为令人担忧的莫属"认知障碍"。实际上,罹患阿尔茨海默病的患者,他们的血液中"脑源性神经营养因子"始终处于较低状态。

并且,运动分泌出的这些生长因子促进了海马体内的血流,也增加了"神经发生"次数。研究结果显示,生长因子改善了包括记忆在内的认知功能。更有甚者,生长因子还能减少"加快炎症反应"的"白细胞介素1β"[1](IL-1β),从而抑制大脑的慢性炎症,也是有不少好处的。

肌肉宛如是一家制造工厂,它为我们制造出保护大脑的药物。为了保护大脑,请让肌肉持续不断地发挥作用吧。为此,我们务必适当地做一些运动,例如出去散步或是跑步。对于保护大脑而言,只要是在适度范围

---

[1] 也称白细胞热源、白细胞内源性介质、单核细胞因子、淋巴细胞活化因子等,人类的 IL-1β 是由 IL-1β 基因编码的细胞因子蛋白。

内锻炼肌肉都卓有成效。

研究发现，人体运动后肌肉会释放出一种物质，它能保护并激活大脑。然而，你是否认为运动与大脑之间的关系就止步于此了呢？

运动时，你是否会感受一种更为直接的爽快感呢？想必大多数人在慢跑或是锻炼之后，与令人不适的疲劳感相较，神清气爽之感更占上风。其原因究竟何在？有一项调查围绕着"运动与脑血流量之间的关系"而展开，它正好能说明这一点。该调查采用的运动器械为"脚踏健身机"。调查结果显示，通过适当的运动，内侧前额叶皮质中的"胼胝体下区"[1]（subcallosal area）和"前扣带回皮质"[2]（anterior cingulate cortex，ACC）的血流增加了3成左右。关于这一点，已在前文第三章"令人喜悦的记忆"这一节里略加说明。研究发现，令人喜悦的情绪、"喜欢"的感觉能够广泛地激活额叶底面与紧邻的前扣带回皮质等部位。

---

1 胼胝体嘴下方、终板旁回前方的皮质区。
2 扣带回的前部。参与许多复杂的躯体和内脏运动功能及疼痛反应。

运动直接激活了令人喜悦的大脑区域。

并且，运动也有益于保留记忆。动物实验表明，运动能够增加海马体内的"神经发生"次数、提升记忆力。研究发现，人类也是如此，运动也会增加海马体内的血流，也会使得记忆与大脑皮层紧密结合。运动也可以提升包括记忆在内的认知功能。

关于"运动强度与记忆力之间的关系"这一问题，至今尚无定论，但奋战至极限的过度运动则会促进"压力荷尔蒙"的分泌，还是尽量避免为妙。中度强度至中上强度的运动为好、稍微加快一些呼吸频率和心跳为宜，保持运动强度在自主掌控的合理范围内、能够使得身心愉悦舒畅，这一点至关重要。

正如前文所述，调查结果也表明，适度运动也能明显改善认知功能中的"执行功能"[1]（executive function）。所谓"执行功能"，即是指"暂时性记忆某种信息的同时，有条不

---

[1] 一个包括调节、控制和管理等认知过程的总称。如规划、工作记忆、注意力、解决问题、言语推理、抑制、精神的灵活性、任务切换、启动和监测行动。

素地完成课题"的能力，是"专注思维"的典型功能。运动过程中，前扣带回皮质的血流增加，前扣带回皮质与"专注思维"掌管的主要大脑区域之间的神经联系密切。由此观之，运动激活了"专注思维"。

更有甚者，调查结果还显示，运动可以缓解不安情绪、改善抑郁倾向。虽然不安感会激活"发散思维"，但在这种情况下，运动则能激活"专注思维"。由此观之，心怀不安、身处抑郁状态下，"发散思维"将会过于活跃，而运动则有镇静"发散思维"的功效。

而当你因全神贯注地投入某项工作而倍感疲惫之时，不妨骑行自行车，风驰电掣般地奔走，如此则能消除疲劳感、使得身心愉悦舒适。在这背后有两大原因：

其一，运动可以增加令人感到喜悦的大脑区域的血流，如额叶底面、前扣带回皮质等部位。

其二，运动能够增加大脑内多巴胺的含量。调查结果显示，其中尤其是在运动后不久，多巴胺的分泌量会上升，这种状态将持续一段时间。正如前文所述，多巴胺能神经元与额叶、海马体联系密切。一方面，它既能带来快感、赋予某种目标明确的行为以动机；另一方面，它又能加快该行为的记忆保留进程。

运动既能提升记忆力，又能促使人们专心致志地投入眼前的课题，从而帮助人们遗忘那些令人生厌的记忆。

音乐激活
令人喜悦的神经回路

音乐有各种各样的类别，个体聆听喜欢的音乐，不觉间已心旷神怡，喜悦情绪油然而生。作者并没有什么特殊的音乐喜好，只是喜欢在车里播放曾经风靡一时的舒缓轻音乐。我在年轻时也曾听过这些歌曲，不知为何，它们竟能与当时支离破碎的记忆相互联系，令人深感怀念，久久无法忘怀。

近年来，随着磁共振成像（MRI）技术的深入发展，研究人员已经围绕着"音乐与大脑活动之间的关系"这一问题而展开详尽的调查。调查结果显示，聆听喜欢的音乐能够激活令人喜悦的神经回路，诸如额叶底面、前扣带回皮质等部位的神经回路。人们不仅仅只是在满足"食欲""性欲"等生物基本欲望时，才会激活令人喜悦的神经回路。音乐如同运动一般，有意识地聆听音乐，也可以激活令人喜悦的神经回路。

众所周知，人类无法忍受极度安静的状态。人类的大脑在自然界的声音中不断成长，倘若缺乏这些声音，则无法再维持正常的神经功能。音乐戏剧性地再现了自然界的声音，因此动物的大脑也会为聆听音乐而感到喜悦。

受到音乐激活的前扣带回皮质是一种令人喜悦的神经回路，然而实际上，这一部位与"专注思维"的中心区域——额叶外侧面和顶叶外侧面有着密切的神经联系。所以聆听音乐在产生喜悦感的同时，也激活了"专注思维"。

除此之外，上一章中已详细说明，有节奏的规律运动可以促进血清素分泌，从而产生出安心之感。血清素的作用也在催眠曲、赞美歌中广泛应用，它治愈了各个时代的人们。通过聆听音乐，我们是否能够切实地感受到身体与大脑之间的紧密联系呢?

另外,受到音乐激活的额叶底面,实际上也与"发散思维"掌管的内侧前额叶皮质保持某个部分的相互一致。音乐有可能连同"专注思维",共同激活部分的"发散思维"。这一关系虽然稍显复杂,但聆听音乐的效果与音乐的类别、音量、外界环境等多种主要因素息息相关。聆听那些习以为常而又喜爱至极的音乐,动用到的是"专注思维"。除此之外,外界环境也会对音乐的效果产生影响,还请留心为上。

有些人能够一边听音乐一边工作,我虽对此不太擅长,但实际上,我认为能够"一心二用"之人,必定才华横溢。正如前文所述,音乐有可能激活"专注思维",进而激活某个部分的"发散思维"。因此,有些行为唯独动用到了"专注思维"的特定部位,而与之相较,音乐则更能使人心怀创造力、立下丰功伟业,委实令人艳羡。

音乐还可以在潜意识间协调大脑的运转方式,即平衡"专注思维"与"发散思维"。至少音乐能够激活"专注思维",从而预防

"发散思维"过于活跃、陷入失控状态,即出现抑郁倾向。

探讨音乐与记忆之间的关系,以"莫扎特效应"[1](mozart effect)最为知名。完全不聆听音乐也可以进入放松状态,但与此相比,聆听莫扎特的音乐作品,更能提升认知功能中的空间感知能力。迄今为止,虽然人们对其内在机理仍旧存有争议,但不仅限于古典音乐,大多数研究都表明音乐可以提升认知功能。聆听喜爱至极的音乐可以增加各个大

---

[1] 1993年10月,加利福尼亚大学欧文分校的劳舍尔(F.H.Rauscher)和肖(G.L.Shaw)于英国《自然》杂志发表《音乐和空间任务能力》一文,介绍他们邀请大学生听音乐,然后对他们进行智商测试。大学生在听了10分钟的莫扎特《D大调双钢琴奏鸣曲》后,在空间推理测试中的得分有明显的提高。"与听放松指令和不听音乐时相比,听了音乐的大学生智商得分(IQ)提高了8或9分。"莫扎特的作品大多纯净、新鲜、明亮、节奏稳定,符合人体内部特有的生理规律,这种特征能够激发欢快、愉悦等正面情绪,这种正面情绪反过来又能促进认知加工水平的提高。需要注意的是,"莫扎特效应"的音乐不是单指莫扎特本人的音乐,而是泛指的音乐,这些音乐大多与莫扎特的音乐具有相同或相似的曲式结构。

脑区域的血流，其中以海马体和杏仁核为主要区域。特别是老年人群体，聆听那些与此时此刻情绪相称且自己喜欢的音乐，对于提升记忆力和改善抑郁症状卓有成效。

我还想强调的一点是，音乐可以激活令人喜悦的神经回路，从而影响着记忆的保留进程。正如第三章所言，喜悦感能够使得令人喜悦的记忆更加易于留存，而那些令人生厌的记忆、想要遗忘的记忆则更加易于遗忘。如果遇到了什么不顺心的事情，不妨聆听自己喜欢的音乐以调整情绪。从记忆的角度出发，这一做法也合乎情理。

绘画艺术激活大脑

前文中，我们已经了解了音乐，即听觉艺术对大脑造成的影响，那么绘画等视觉艺术又如何呢？

我们可以通过"功能磁共振成像"[1]（functional magnetic resonance imaging，fMRI）以调查人们看到绘画时大脑的反应，该技术旨在检测处于活动状态的大脑部位。检测结果表明，依照绘画种类的不同，大脑的兴奋部位各有差异。欣赏"人物肖像画"时，杏仁核与颞叶下面的"梭状回"[2]（fusiform gyrus）受到激活。也有学者认为，"梭状回"中的神经元对于人类的脸型有着明显反

---

1 一种检测和分析细胞和分子水平代谢、生理功能状态的磁共振成像方法。包括血氧水平依赖的脑功能成像、扩散成像、灌注成像和磁共振波谱分析等。具有时间和空间分辨率高的特点。
2 梭状回是人类腹侧颞叶皮层的最大组成部分，而腹侧颞叶皮层是视觉分类的关键功能区域。

应。除此之外，欣赏风景画时，"海马旁回"[1]（parahippocampal gyrus）受到激活；欣赏静物画[2]（still life painting）时，视觉中枢"枕叶"[3]（occipital lobe）受到激活。

然而，这些改变也可谓是在短时间内欣赏画作而产生出的变化。当你花时间欣赏一幅优秀的绘画作品时，你最终会感受到大脑的"发散思维"受到激活，过去、现在、未来相互交织并整合于同一处。与其说是"整合"，不如说是某种自由穿梭之感。更有甚者，绘画也会刺激过往的记忆，从而将之转化为某种出人意料的创造力亦未可知。

当你身处美术馆中面对绘画作品时，也请充分地意识到这一点。难得来一趟，希望能洞察出那部作品的真正价值。为此，在

---

[1] 位于大脑半球颞叶内侧面、侧副沟和海马之间，从胼胝体后端海马的齿状回延伸并借海马裂与之相隔，形成穹隆回下部的结构。
[2] 静物画，是以蔬果、花卉、餐具、器皿、乐器、标本、生活用品等相对静止的客观物体为主要描绘题材的绘画，物体一般置于桌面上。
[3] 位于顶叶之下、颞叶之后、顶枕裂后方的部分。主要与视觉功能有关。

"发散思维"受到激活之前,还是悠然自得地将美好时光放在欣赏上吧。关键并不在于"浏览",而是"欣赏",抑或是"观察"。首先需要对作品产生的时代背景有一定了解,在此基础之上,从整体构图到局部细节,都需要花时间认真观察。只有如此,它才会迸发日常生活中难得一见的刺激力,也必定能够留存为发掘个体创造力的珍贵记忆。

顺带一提,在现如今的商业世界里,工商管理硕士学位[1](master of business administration,MBA)要求求学者具备"利用数据推导出答案的能力"。与此相较,更为重要的是"直观地把握事物的感性"与"解决复杂事物的创造力"。艺术硕士专业学位[2](Master of Fine Arts,MFA)逐渐受到人们的关注,也是上述趋势的具象表现。艺术唤醒了存储于整个大脑中的知识,而这些知识则无法使用语言加以描述。艺术连接着现在与

---

[1] 定向于培养工商管理实践人才的专业硕士学位。
[2] 旨在培养音乐、戏剧、戏曲、电影、广播电视、舞蹈、美术、艺术设计领域的高层次应用型专门人才。

未来，它赋予了人们创造力。上述认识超出了美术学的专业范畴，逐渐获得了众人的认可，其中也包括商务人士在内。

如此一来，艺术就能触动、激活、连接储存于大脑中的"无法使用语言加以描述的记忆"和"潜意识里的记忆"。倘若艺术与记忆息息相关，那么饱经世故的老年人，岂非更能享受到艺术的妙用？若能暗下功夫、潜心观察和欣赏绘画，想必它定会赋予你出乎意料的创造力。毋庸置疑，年轻人自然也可以体会到艺术的妙用，但作者回想起自己年轻时，毫无余暇细细欣赏画作。但这对于老年人而言，他们的时间极其充裕，随着年龄的不断增长，老年人在各方面都留有余裕。那么，让我们用双眼去感受艺术，从而触动记忆吧。

任何偏废的用脑方式都会导致慢性炎症

用脑时倘若偏废一方，则会导致大脑休息不足。其中尤其是抗压能力较弱的神经胶质细胞,大脑一旦缺乏休息它们就会逐渐死亡,最终神经元也会走向死亡。

偏废的用脑方式会出现在什么情况下呢?例如,为了追赶最后的截止期限而通宵达旦撰写报告;在昨天的比赛中,因自己发挥失常而贻误战机,最终惨败而归,独自一人烦恼不已。任何人都有可能出现上述状况。

倘若偏废一方的用脑方式反复持续,由于负担过重,神经胶质细胞就会受到损害,代谢废物和变性的蛋白质[1]在大脑内不断堆积,使得炎症反应愈加活跃。这种反应主要是针对自己身体中的某一部分。最终的结局是,神经细胞走向死亡。

慢性炎症(chronic inflammation)有别于急性炎症(acute inflammation),急性炎症针对细菌,而慢性炎症则是针对自己身体中的某一部分。慢性炎症能够刺激免疫细胞(在大脑中即为"小胶质细胞"),并以"破坏组

---

[1] 蛋白质变性(protein denaturation):天然蛋白质受物理或化学因素的影响,分子内部原有的特定构象发生改变,从而导致其性质和功能发生部分或全部丧失。

织"作为主要发展方向。众所周知，尤其是死亡的细胞中流出的蛋白质和脱氧核糖核酸[1]（deoxyribonucleic acid，DNA），它们都会诱发慢性炎症。

若说所有的神经系统疾病[2]（nervous system disease）都与慢性炎症息息相关，也并不奇怪。更有甚者，大脑中的慢性炎症也会导致不可或缺的记忆丧失、应该遗忘的记忆难以忘怀，从而破坏精神稳定。其原因在于，一方面慢性炎症基本上都会损伤和破坏组织，从而损害与记忆相关的神经元，另一方面则会降低与遗忘相关的蛋白质的合成量。

因此，若要维持健全的大脑功能，除了需要均衡用脑、保证充足睡眠、补充必要营养以外，"积极主动地抑制炎症反应"也至关重要。

那么有什么抑制大脑炎症的方法呢？

---

1 由四种脱氧核糖核苷酸经磷酸二酯键连接而成的长链聚合物，是遗传信息的载体。
2 影响神经系统功能的各种疾病，包括脑部、脊髓、神经和肌肉等部位。

口服阿司匹林[1]（aspirin）等消炎药物也是一个不错的选择。虽然有调研报告称这一做法卓有成效，但想必大多数人都会畏惧长期服用药物。况且，长期服药的副作用也更令人担心。

读者朋友们阅读到这里，是否都已了解不依赖于药物且能抑制大脑炎症的方法呢？正因如此，"做运动"才是消炎的必要方法。

换句话说，我们并非从药物中获取抑制炎症的物质，而是直接从自身肌肉中分泌出该物质。通过适度运动，肌肉中分泌出的生长因子可以有效地促进营养因子的分泌，营养因子则可以保护大脑。并且，生长因子还能有效地减少白细胞介素 1β，而白细胞介素 1β 则会引发炎症。除此之外，运动也可以减少"压力荷尔蒙"的分泌量，如皮质醇、去甲肾上腺素等。由此可见，运动也具备保护大脑的效果。

---

1 应用最广的解热、镇痛和抗炎药物。在体内具有抗凝血作用，能抑制血小板释放和聚集。临床常用于预防心脑血管疾病。

在自己的身体内，肌肉正是独一无二的制造工厂，它能制造出抑制炎症反应的物质。

　　大脑的慢性炎症有害于记忆的保留与遗忘。为了抑制慢性炎症，除了均衡用脑外，还需在适当的范围内积极主动地做运动。

第六章 "遗忘"创造未来

从幼年时起，
对"遗忘"的负面印象便铭刻于心

　　小学的学期考试要求学生们记录课本上的内容，并且将其默写在试卷之上。若有同学能全文记录并原封不动地默写下来，即可赢得高分、收获老师和家长们的赞扬。但相反，如果头脑空空，则不仅分数惨淡，还会遭受老师和家长们的训斥。

　　除考试外，在学校里，若是课上忘记携带课本，老师会警告我们下次务必记住。孩童时期，我常被罚站在走廊之上。更严重的是，我还曾屡次遭受老师的体罚。因此，我们常将遗忘这件事本身附带上了负面色彩。并且，这一观念也早已铭刻在了我们的心中。

　　然而正如前文所述，遗忘是获取新记忆的重要过程。随着脑科学领域的飞速发展，此时此刻，我们对待遗忘的态度应当发生翻天覆地的变化，这一说法并不稀奇。

　　如果遗忘了某些情节记忆，特别是一些固有名词和数字，会带来什么样的后果呢？其实，大多数情况都相安无事。在互联网高度普及的今天，很多事情只要打开手机稍加搜索便能知道。若是个人事情，则只需向熟人询问即可。尽管如此，我们现代人却如同天经地义一般，下意识地不愿遗忘任何事情。其原因在于，从幼年时起，我们就牢固地树立起了一种对待遗忘的负面印象。为了摆脱这一观念的束缚，我们有必要常去思考不愿遗忘某些事物的根本原因。

本书中曾多次强调，记忆由突触连接而产生，它是根据外界环境而不断变化的。因此，记忆并非一成不变，而是不断流逝，我们遗忘掉某些事物也是再正常不过之事。

事实证明，我们的大脑会积极主动地遗忘掉某些事物，这正是上述观点的绝佳佐证。之所以如此，也是因为这样更有利于生物在进化过程中存活下来。

将忧虑之事搁置一段时间

还记得本书开篇的小问题吗？"一周之前，你在想些什么呢？"只要忧虑之事不会严重到恼人心绪、令你愁肠百结，哪怕只将其搁置一周，我们便会出乎意料地发现，它早已被我们抛于脑后。

虽然某些引发情绪起伏变化的记忆确实难以忘怀，但只需任由时光流逝，它们也终究会成为过往。因此，我更愿意乐观地去面对它们。纵使某些记忆再过令人生厌，它们也终归会遗忘于时间的长河之中。所以，卓有成效的做法反倒是忽视不安情绪和忧虑之事，暂且放任观望，将它们搁置一段时间。

归根结底，我们出于对未来的消极预测，才会心生忧虑。我们或是会对未来感到恐惧，或是胸中泛起一股强烈的不安感。此时此刻，务必注意的是，请勿在情绪的裹挟下做出对事物的判断。具体情况自然应当具体分析，但当你摆脱出了这种情绪化的状态时，你的判断也应该会更加地合理适宜。

上述做法的原因在于：人体的杏仁核部位影响情绪起伏变化。它为了避免危险出现，总是会做出超出限度的强烈反应。如此一来，大脑则会下意识地认为："为了避免危险出现，暂且先行做出强烈反应。"倘若个体反应过度、情绪起伏剧烈，特别是当恐惧与愤怒情绪涌上心头之际，最好采取无视态度。情绪易于起伏变化，因此从最初开始便将之置于一旁、冷眼相待，这才是明智之举。

另一个重要原因在于，倘若跟随情绪任意行事，它会牢固地保留于记忆之中。然而大多数情况，这种记忆绝难令人心情愉悦，反而会使人大为不快……由此观之，我们在面对恐惧和不安时，不能立刻做出反应，"逃离""保持距离""置之不理"之类的做法也至关重要。在此之后，还请细心观察情绪的起伏变化，从而进一步等待额叶详细分析具体情况。

归根结底，不安感的存在旨在使得未来更加美好。倘若不安感不复存在，我们就无法做好充足的准备，原本未来理应更加美好，却会因为我们的准备不足而无法顺利前进。假如我们能够预想到未来的处境并不理想，从而感受到不安与恐惧，某种程度上也可以说是一个好兆头。今后只需妥善处理情绪的起伏变化，即可让未来变得更加美好。

因此，在感受到不安后，激活额叶并做好充足的准备，这一点至关重要。不安感主要由"发散思维"产生,倘若想要予以缓解,则需激活"专注思维",从而抑制"发散思维"。因此,我们务必倾注脑力,去做一些不同的事情,从而缓解不安感。

不安感会过度激活"发散思维",从而转化为精神层面的压力。更有甚者,过度活跃的"发散思维"将会使得大脑陷入"反刍思维"之中,在内心里周而复始地预想惨淡的未来。能够缓解这一症状的做法并非是安心入睡或从容休养,而是动用大脑中的"专注思维"。

若能全神贯注地投入工作或是学习之中自为上策,然而,我们可能难以心怀忧虑地投入其中。那么,当强烈的不安感如潮水般袭来之际,我们又当如何激活"专注思维"呢?关键之处在于将时间作为尺度,任何人都适用于这一做法。

若从长远的目光看,只需"夜以继日"即可。还请积极主动地安排好每日事宜,不预留出丝毫的空闲时间。其原因在于,空闲时无须动用"专注思维",却容易引起"发散思维"的过度活跃。倘若每日行程安排妥当,大脑会动用"专注思维"以完成计划,因而易于均衡用脑。俗话说"刀闲易生锈,人闲易生病",也是同样的道理。

倘若目光稍微短视一些,做运动也卓有成效。做运动可以抑制"发散思维",从而加快用脑方式向"专注思维"不断转换。有些时候,甚至可以直接诱导人们进入梦乡。并且,做运动也可以直接激活令人感到喜悦的大脑区域。若说做运动是缓解忧虑的最佳处方,这也毫不为过。纵使患者罹患轻微的认知障碍,中等强度的运动也可以加快大脑由"发散思维"转换至"专注思维",这一点已由研究人员加以确认。

运动是简单至极而又卓有成效的手段,它可以调整大脑功能的平衡。然而,倘若运动时间过长或运动强度过重,则会转化为某种压力。因此,务必将其控制在适度范围之内。

倘若目光再短浅一些,玩手机游戏也能缓解不安。假如控制游玩时长,有些时候它们也可以激活"专注思维"、缓解忧虑情绪。

除此之外,沉迷电视剧或电影也行之有

效。此时此刻，切勿呆若木鸡般坐在电视机前，呆呆地注视电视屏幕，而是要身临其境般紧跟剧情发展，进入对方世界之中，如此做法更为高效。

我们遇到了引发情绪起伏变化的忧虑之事，也需要在一瞬间内判断是否可以将其暂时搁置一旁。其原因在于，某些事物引发内心的恐惧或愤怒情绪，倘若无法及时应对，则吉少凶多。在此，还请读者朋友们切勿遗忘均衡用脑的重要性。

科技进步影响大脑

从早期的电视，到近些年出现的智能手机，再到 2019 年年底新冠疫情的肆虐，在此影响之下远程办公的日益普及，科技的进步让我们的生活变得极其便利。想必没有任何人愿意穿越至科技诞生之前的那个时代，纵使有人甘心前往，当下的生活应该也与科技之间密不可分。关于科技功过是非的研究才刚刚起步，但即便如此，笔者却想提出一个假说。

这一假说是由"专注思维"与"发散思

维"之间的关系推导而来的。倘若滥用科技则会导致"专注思维"与"发散思维"的使用偏废一方，大脑无法获得充分休息，就会感受到疲劳。长此以往，则会加快大脑细胞的死亡，导致必须牢记的记忆归于遗忘，最终有损于大脑的健康寿命。

为了避免出现上述的各种负面作用，我们务必理解科技对大脑的影响，并且适度平衡地使用科技，而非沉迷于其中。

让我们来看看，日常生活中的科技产品对大脑的影响。

先来讲讲电视。我们紧跟电视剧或电影里的情节发展，"专注思维"受到激活；而随意浏览新闻或综艺节目，"发散思维"则受到激活。只要不是长期偏废于任何一方，想必对大脑而言有益无害吧。

除此之外，通常，浏览互联网网页会激活"专注思维"。一方面，只要心怀某种目的而使用互联网，互联网本身对大脑的负面影响或可忽略不计。纵使我们未将网络信息特意铭记在心，互联网也是能够随时取用的信息之来源，它有助于大脑的成长发展。对于擅长遗忘的大脑而言，互联网或可说是"最佳伴侣"。

另一方面，对于移动智能手机和社交网站（social networking site，SNS），人们议论纷纷。

通常在社会生活之中，"时常与多人交往"的联系感会强烈地激活"发散思维"。毋庸置疑，这本身并非坏事，但倘若长期持续则会偏废一方。在智能手机出现以前，我们并未如此频繁地拥有这种感觉。然而时至今日，人们通过社交网站，时常意识到自身拥有错综复杂的人际关系网。这一全新的生活习惯有可能不同程度地导致"发散思维"的过度活跃，从而加重抑郁倾向。

要想解决这一问题，最好的方法莫过于"戒断"手机，但手机已是现代人的"体外器官"，想必大多数人都难以割舍吧。在本书中，作者始终在强调，保持"专注思维"与"发散思维"之间的平衡至关重要。在我看来，唯有深刻地意识到错综复杂的人际关系网将会激活"发散思维"，才能重新回归至用脑的均衡状态。假如你时常使用社交网站，应当有意识地做一些事情，以激活"专注思维"。

在新冠疫情的影响之下,人们日渐使用智能手机和电脑远程交流,这又会对大脑造成什么样的影响呢?在我看来,只要熟练使用这些电子设备,就有益于大脑的成长发展。智能手机和社交网站引起人们的"发散思维"过于活跃,而远程交流反而能抵消这些负面影响。

虽然彼此之间的交流依赖于互联网,却可以"实时通话"。社交网络的留言通信具备一定的延时滞后性,而实时通话则有别于此,它主要动用到"专注思维"。其原因在于,在实时通话中,人们首先通过听觉获悉对方的话语并理解其内在含义,从而做出思考、组织答复的语句,并将之诉说出口。此番操作繁复至极,人们却在实时通话中周而复始地重复着该操作。

若从"均衡用脑"这一角度出发,人与人之间的交流不论是在线上,又或是在线下,将"线上通话"或"线下谈话"作为第一选择,在此基础上或许"留言通信"最好。

话虽如此,"线上通话"仍旧有别于"线

下谈话"。虽然话语和数据信息彼此共享,但是双方无法传达,也无法感受到彼此之间表情的微妙变化、细微的点头动作等。在实时通话的过程中,我们难以获悉对方的感受和想法,想必实际使用过的人都深有体会吧。

要想读懂微表情,至关重要的是从过往的经验中吸取并积累"语义记忆"。其原因在于,我们读懂了对方的表情或动作的内在含义后,下意识间不断积累相关经验。当我们再次看到对方的表情或动作之后,便能推测出内心的真实感受,并将之与过往的记忆相互对照,从而产生出某种"共鸣感"。

线上通话之际,除了话语外,对方提供的信息极少,不仅难以产生共鸣感,也无法填补人类内心的孤独。

如上所述,一方面,不断进步的科技便利了我们的生活。但另一方面,假如仅凭于此,而忽略了现实世界中人与人之间的沟通交流,那么不论是精神层面,抑或是记忆层面,科技带来的负面影响都会展现得淋漓尽致。

假如现实生活离不开某一特定电子设备,

则会导致用脑时偏废一方，这一点还请读者朋友们明白。长此以往，就会导致那些必须牢记的记忆消失不见，而应该遗忘的记忆却难以忘怀。我们务必时常心怀"平衡意识"，保持"专注思维"与"发散思维"二者间的平衡。

遗忘的存在
让未来更加宽广

我们生活的世界里充斥着海量的信息。在日常生活中抑或是互联网上，我们与形形色色的人相互交流，各种各样的数字与事物宛如惊涛骇浪般向我们涌来。在此之中，留存于记忆里的是那些吸引人们注意力的事物，它们引发了情绪的起伏变化。

纵使它们吸引了人们的注意力，并且在片刻间留存于记忆之中，倘若此后再无用武之地、毫无留存的必要性，那么也会被大脑不断清除。某些记忆引发情绪的起伏变化、令人颇为不安，它们则难以遗忘。

想要遗忘那些令人生厌的记忆，其中的

关键之处在于，使用"专注思维"详细分析情况，并且开放心态、积极主动地挑战新事物。另外，我们还反复回味令人喜悦的记忆，并且持续不断地刺激与此相关的神经回路，以保留该记忆。

如上所述，大脑时常做出决断，即选择保留哪些记忆，又清除哪些记忆。

这一点可谓是人类大脑与机器电脑截然不同之处。倘若我们在机器、即计算机中输入所有的信息，则可生成出存储海量数据的"内存"。之后，我们就可以平均检索任何信息并且随意取用。

人脑则有别于电脑，它是从海量的信息中选取了某些引发个体情绪起伏变化的事物与额叶认为至关重要的事物加以留存，并对不断席卷而来的新信息做出取舍。不论这是有意识的行为，又或是无意识的操作，这个过程都与"深度思考"息息相关。

大脑时时刻刻处于变化之中，这一变化是由持续不断地合成或破坏蛋白质而产生的，这些蛋白质与记忆信息之间密不可分。大脑在参照过往记忆的基础之上，不停运转、时常改变，以适应全新的环境。这远非单纯存储信息的"内存"可以比拟。

遗忘是日常生活中自然而然的变化，它并非是什么坏事。不如说，遗忘是大脑凝望未来而积极改变的绝佳验证。

在海马体中，每时每刻都在产生出的新生神经元正在持续不断地清除原有的神经元，即过往的记忆不断遭受清除，从而获取全新的记忆。换言之，"遗忘"与"获取新记忆"这两者间互为表里。唯有经历上述过程，个体的大脑才能不断进步。遗忘的存在让未来更加宽广。

饱经世故之人拥有的"记忆财富"

在社会近代化之前，人类的平均寿命不超过 50 岁。此后，随着平均寿命的显著增长，时至今日，"人生百年"的说法一时之间非常风靡。然而实际上，归根结底人类的大脑并非为生存百年而设计。

大脑常常出现记忆力下降、健忘频发的

现象。按照过往的常识,这真是令人心烦意乱。因此,我们就会想方设法地避免遗忘,想要把自己健忘的事实隐瞒下来。

然而,想必读者朋友们阅读至此,应该都已知晓,要想最大限度地发挥出大脑的功能,"遗忘"实是唯一办法。并且,随着年龄的不断增长,发生变化的并非是"记忆力",而是"对待记忆的方式"。若能基于丰富的个人经验,并与潜意识中"无法使用语言加以描述的重要记忆"相互结合,便能赋予记忆以全新的意义,若说这是"大脑在年复一年不断进步",也毫不为过。

并且,随着年龄的不断增长,老年人虽然会变得愈加健忘,但他的大脑内会潜伏着更多的"无法使用语言加以描述的记忆",其数量远超于年轻人。大多数记忆都沉睡于潜意识之中,有时则会偶然间浮现于脑海里。

实际上,随着年龄的不断增长而逐渐遗忘的是情节记忆,语义记忆则与年龄无关,始终都在积累。随着年龄的不断增长,我们逐渐能够理解事物的本质,培养出了某种洞察能力。美国的麻省理工学院[1]（Massachusetts Institute of Technology，MIT）的皮埃尔·阿祖莱[2]（Pierre Azoulay）和他的团队分析了不同年龄段的企业家的创业成功率[3]，该研究正是上述原理的绝佳佐证。分析结果表明，与20~30岁的企业家相比，年过五旬的企业家的创业成功率更高，这更显示出"年轻"并非成功的必要条件。随着年龄的不断增长，人生阅历丰富的企业家们凭借"无法使用语言加以描述"的直观判断力，引导团队走向成功。

读者朋友们倘若了解到与记忆相关的大脑运转方式，就会明白即使自己再过于健忘，也应当对年龄的不断增长而心怀自信。老年人虽然因为遗忘导致情节记忆不断减少，但也相应地从丰富多彩的人生阅历中获取到了

---

1 威廉·巴顿·罗杰斯于1861年创办于美国马萨诸塞州波士顿都市区剑桥市，主校区依查尔斯河而建，是一所享誉世界的顶尖私立研究型大学。
2 麻省理工学院斯隆管理学院（MIT Sloan School of Management）教授、经济学家、美国国家经济研究局研究员。
3 原文刊载于《哈佛商业评论》（Harvard Business Review，HBR，2018年6月11日）。

语义记忆,并且存储于面积庞大的大脑皮层之中。这些记忆看似已经遗忘,但事实却非如此。

当你饱经世故之后,就有可能相应地唤醒那些牢固地封存于潜意识里的记忆,并且将之相互连接,从而转化为某种创造力。老年人能够将这些潜意识里"无法使用语言加以描述"的重要记忆相互连接,并且赋予其全新的意义,要是换作年轻人,则无能为力。

纵使你已经垂垂老矣,丰富多彩的人生经历也会引导你走向成功,而这一点正是年轻人所不具备的。关键之处在于,拿出奋力拼搏的气魄并积极主动地接触社会。

遗忘使得人类不断进化

更进一步说,遗忘不仅使得个体的大脑不断进步,更是人类物种不断进化的必经之路。其原因究竟何在?

物种的不断进化依赖于生物的"多样性"。大自然从形形色色的生物个体之中,保留那些最适合于外界环境的个体，并且使其不断繁衍生息、绵绵不绝，这一点想必不用过多赘述。那么，我们人类的多样性又源于何处呢？

是来源于各式各样的基因？基因的差异最多不超过 2 万~3 万种。关于单卵双胎[1]（monozygotic twins）的研究成果已经相当丰富，研究发现，纵使孪生胎儿的相貌、身高等外在条件相互类似，但内在性格却在极大程度上受到成长环境的影响。换言之，尽管存在基因上的差异，但人类的多样性却并非由此而生。我们的大脑中存在着近千亿个神经元，正是因为每个人对于神经元的使用方式各不相同，才造就了人类的多样性。

从本质上看，人类的多样性也可以说是"记忆的多样性"。其原因在于，在这个世界上，绝不存在拥有相同经历的两个不同

---

[1] 来自一个受精卵的两个孪生胎儿。两个胎儿的遗传构成和表型完全相同，其胎盘及胎膜关系视两个胚胎相互分离的时间而定。其发生率为 3‰ ~ 40‰。

个体。杰拉尔德·埃德尔曼[1]（Gerald Maurice Edelman）因免疫系统的相关研究而荣获诺贝尔生理学或医学奖[2]（Nobel Prize in Physiology or Medicine）。之后，埃德尔曼转向脑科学方向的研究，他曾表示："人脑内神经元多样化的连接方式，其数量还要多于宇宙所有的带电粒子[3]（charged particle）"。这一说法具体是真是假，作者无法加以验证，然而这位天才的一席话却道出了本质之所在。你的大脑从近乎无限的备选项中不断筛选，最终给出了

---

1 1929—2014 年，美国著名生物学家，1972 年诺贝尔生理学或医学奖获得者，美国神经科学研究所（Neurosciences Institute）主任，神经科学研究基金会（Neurosciences Research Foundation）主席，斯克里普斯研究所（Scripps Research Institute）神经生物学部主任。

2 根据诺贝尔（Alfred Bernhard Nobel）1895 年的遗嘱而设立的五个奖项，包括：物理学奖、化学奖、和平奖、生理学或医学奖和文学奖，旨在表彰在物理学、化学、和平、生理学或医学以及文学上"对人类作出最大贡献"的人士。除此之外，还有 1968 年瑞典中央银行设立的瑞典银行纪念诺贝尔经济科学奖，统称"诺贝尔经济学奖"。

3 带有电荷的粒子。

唯一的答案。由此观之，大脑可谓是无价之宝，这一点想必无须赘述。

作者一再强调，个体从年幼的婴儿成长至 10 岁的孩童，在这一阶段里，留存于神经回路中的记忆极其稳固，几乎终身不会发生任何变化。而童年时的记忆却能决定一个人的内在气质，从而使得个体朝着多样化的方向发展。尽管如此，内在气质却在极大程度上受到父母双亲和外界环境的影响，难以自我调整把控。

我们周而复始地做出取舍，选择今后积累什么样的经验、赋予某件事物什么样的意义、保留或是遗忘哪些记忆，这些选择由你决定，也由你担责。突触会跟随每日发生的事件而不断改变，赋予某件事物什么样的意义，这会在极大程度上影响着个体的思维方式。

接触全新的环境、了解全新的事物，从而持续不断地替换突触之中的记忆，"生存"的本质即在于此。每个人都拥有自己独一无二的人生经历，"多样化的记忆"正是从中提炼出的智慧、是人类不断发展的巨大财富。

之所以会产生出多样化的记忆，这不仅仅只依赖于"经历过的事件"和"赋予记忆的意义"。"舍弃记忆"，即"遗忘"本身，也是产生出多样化的思维方式和处事方式的主要因素。其原因究竟何在？

人类的大脑依照记忆对个体的重要程度而加以取舍。每个人都会基于过往的人生经历，将至关重要的事物留存于记忆之中，不论这一选择是否出于个体意识，都是如此。大脑遗忘了海量的信息，留存下来的记忆自然能反映出个体的内在性格。形形色色的人留下五花八门的记忆，诸如令人喜悦的记忆、令人遗憾的记忆、影像化的记忆、只言片语的记忆等。

如此一来，深度思考依赖于这些保留下来的记忆，从而产生出了个体的多样性，这也必然导致多种多样的思维方式和各不相同的处事方式。最终，地球上时常诞生出种种出人意料的想法。就连互联网、苹果手机（iPhone）等创新性产品，也是研发人在过往积累的固有记忆的基础之上，提出创新性的观点，从而创造出来的。

倘若人类保留了所有的记忆，那么这种多样性便荡然无存。输入了所有信息的计算机正是这一原理的绝佳佐证。

现如今，计算机只擅长在特定的情况下求出某种"最优解"，但再怎么推导计算，答案也只有一个。即使准备多台计算机、永无休止地输入信息，最终求得的"最优解"也仅有一个。

现代社会的事务错综复杂，生活于其中的人们南来北往，计算机推导出的"最优解"也绝非"最优"。

倘若人类唯独遵从计算机给出的答案采取行动，并且不掺杂一丝一毫的个人思考在内，想必不久之后，人类的思想也会整齐划一，人类物种就会逐渐走向衰亡。

物种始终通过寻求某种多样性而逐渐进化至今。在多样化的个体之中，最适合于外界环境的个体得以生存并繁衍生息。若说维护记忆的多样性是人类今后继续存续、不断进步的关键举措，也不足为奇。

结语　遗忘是一件好事

当前，最前沿的脑科学研究已经证实，大脑会合成某种专门用于遗忘的蛋白质，并且新生神经元也在积极主动地清除旧记忆。长期从事脑科学研究的作者为此也颇受震撼。但作者认为，"为维持大脑的正常运转，遗忘不可或缺"，上述事实也与作者的观点相互一致。

人们普遍不愿遗忘曾经记住过的事物，而事实却与这种社会认识相距甚远。大多数人深信"遗忘是一件坏事"，而作者却想要为"遗忘"正名，撰写本书的目的即在于此。读者朋友们读到这里，想必已经深知遗忘的重要性了吧。

读者完全没必要为遗忘事物而心怀内疚。我们从小学开始就接受以"回答"为核心的应试教育，对于遗忘的内疚感，很大程度上是此类教育的产物。纵使能够牢记教材上的知识点并立即作答，想必在现代社会中也毫无价值。

反之，"提问"倒是更为重要，即寻求教材中未曾出现过的答案，这也要求提问者认真观察目标对象，并且独自一人深度思考。

与其记住答案、照本宣科地"回答",倒不如放弃那些无关紧要的记忆,在过往积累的语义记忆的基础之上深度思考,从而提出问题,这才是未来世界对人们的期许。

唯有"遗忘"与"思考"息息相关。所谓"思考",即是将过往的记忆相互连接并从中寻求全新的意义,那么不论"遗忘"行为是否出于个体意识,"舍弃哪些记忆"都能彰显个体的内在性格,也能引发人们的深度思考。

还请读者朋友们务必牢记,人类的大脑是能够积极主动地遗忘事物。唯有通过遗忘,大脑才能适应全新的时代、面向未来不断做出改变。

至此,我们已经完全颠覆了过往的常识。只有舍弃那些无关紧要的记忆,才能不断创造出全新的自我。不要因为遗忘而畏惧前行,为了创造出全新的自我,还请积极主动地享受人生吧,我们在产生记忆的同时,也在迎接着光明的未来!